U0309753

中国青年出版社

序

在这个世界上，有些女人是被人欣赏的，有些女人令人欣赏的。

那些外表姣好、美艳如星的尤物，是被人欣赏着的；而那些从骨子里散发出捕获他人的魅力的，是令人欣赏的。在我认识的女人里，史焱属于令人欣赏的那一种。

我和史焱相识、相知、相处就要12年了。对于每个女人而言，这12年，都是生命中最美好、最精彩的一段时光，也是我们最好的年华。一路走来，我看着她从女孩蜕变成女人，从一个编辑成长为职业的时尚从业者、塑造者、一名美的导师，更进而成为一个妻子、一个好母亲。一个女人将自己的生活和事业，经营得井井有条，并能从工作中获得无上的快乐，且乐于帮助他人、扮美他人——这是女人对自己的善解人意，更是对这个社会的福祉。

每天，每一次她从时尚大厦的工作走廊中走向我，都能使我眼前一亮，除了由衷的一句“你今天穿得很好看”，我对于她的赞赏，还包括她脸上满满的正能量，

以及举手投足间对于时尚、对于美坚定的实践和推行。正是这些素质，让这个姑娘成为我欣赏的女人之一。在这纷扰浮躁的浮华世界中，一个美好的人坚守自己的立场、执着地追求、不懈地努力，出书、做杂志、拍摄大片、跨界合作，秉持帮助他人的理念，为帮助更多女人找到自己的美丽而努力，是真的令人激赏的，也是让人感动的。

史焱这本书，据我所知，她已经为之努力了好几年，从开始策划到动笔、记录、拍摄、设计，持续了几年之久。这其中记录了一个优秀的时尚人对于美、对于生活、对于女性的感悟，也呈现出顶尖造型师“以简约时尚聪明地塑造自己”的诸多技巧，真实、实用、可行。

愿它能够帮助每一位女性穿出独一无二的自己。

苏 芒

史焱是我的好朋友，也是我认识的最年轻、最有造诣的造型师。我们的合作源于几年前，她虽然年轻，但非常有天赋。随后我就把自己放心地交给了她！她就像我的妹妹，真诚、直率，我常常向她咨询穿着打扮方面的建议。可以说，有她在的时候，是我对自己的形象最满意的时候。

刘晓庆

恭喜史焱的大作上市！史焱本人就是一个非常有造型感的女人，其实我觉得女生就是要懂得自己、打扮自己才是王道，所以这本书一定会让更多的女人变得更有型。

阿雅

Vivienne的爽朗和我如出一辙，是一位值得信赖和兼具“实用功能”的好朋友！Vivienne的书好看、货真价实、功能性强，如她的人一般实实在在！

王珞丹

史焱，你终于出书了！其实你早就应该出书了。每次看你在节目当中给嘉宾搭配出那样漂亮的服装，就觉得你真的应该用书的形式来帮助更多人。真是想象不到你能在这么繁忙的工作之余集结成这上下两册的书，必须祝“大麦”！

汪涵

在我主持《芭莎绝对时尚》以及《必须时尚》这一年的时光中，史焱为我打造了无数个深得我心的完美造型，让我在镜头前变得如此美丽。相信史焱的书能够帮助更多普通的女性，在生活中获得美、感悟美、得到美的力量！

柯蓝

和史焱一起穿出真正的自己！

李宇春

我知道 Vivienne 对完美有着苛刻的标准和永恒不懈的追求，她对时装造型源源不断的灵感和永不枯竭的热情，让我感到钦佩。我喜欢 Vivienne 这样的人，聪明、有悟性、有坚持、有自我、有创新。

李艾

Vivienne 是优雅的，兼具独特看点，然而丝毫不哗众取宠。她将优雅和明媚融合得天衣无缝，能够夺走所有女人的心。

爱戴

与史焱老师一起合作《购时尚》的时光是最好的时光。我不得不说，史焱是我遇到过的最具有说服力和亲和力的时尚造型师，她将美、时尚、自我提升变得可操作和实用——时尚不再是高高在上的，而是每个爱美人士都可获得的。对于每一位女士而言，这是福音；对于男士来说，能在生活中看到更多的女人变美，更是福祉！

高博（主持人）

我的好朋友史焱盛邀我加盟拍摄她的新书图片，是我的荣幸！我信任史焱的品位，也信任她独到的眼光——这是我曾经参与的、最喜欢、最可爱的工作。她帮助我实现了一个女人梦想做到的“有品位的百变”。

查可欣（主持人）

亲爱的Vivienne，感谢你这么多年来如闺蜜般的爱与关怀。我记得我们一起走过的那些路，也记得一起在南非、希腊、英国工作的每一天。世界各地都撒播下我俩之间的爱和友谊。你的新书是对每一个女人的福利！我相信，它一定会俘获更多爱美女士的心！

周韦彤（演员、名模）

史焱老师是一个大胆的拓荒者。我们曾一起在纽约做过拍摄工作，她令我印象深刻，也让我体会到另一个不同的自己。她帮我穿上了我从不敢尝试的翠绿色衬衫，时髦而优雅，让我看到了一个全新的自己。

尚雯婕（歌手）

史焱是一位有才华的造型师，她的聪明和对美的领悟是我对她最欣赏的亮点。在我们过往的合作中，我还认识到，她的敬业和认真，是很多女性所缺乏的。她对于美和细节的执着追求，是令人钦佩的。

毛戈平

我与史焱相识十多年了。从她身上和她的工作中，我看到美的多元的可能性。史焱身体力行着“最简单是最美的”哲学，她清晰地知道自己想要什么，她的创作能够被大多数人认定是“美”的——这令我肃然起敬。

王培沂（设计师）

亲爱的 Vivienne，在我们的拍摄合作中，你的各种打破常规的搭配和造型，让我对自己的设计有了新的认知！我爱你那些将“简洁”发挥到多姿多彩的才华、勇气和鬼点子。更爱你能让每个女生都变成“九头身”的大长腿造型！

Tanya（设计师）

祝史焱姐的书大卖、热销！永远爱你、支持你！

贾静（名模）

史焱，作为闺蜜，我一直感受着你对美的感悟和追求，用自己的能力让美变成真实。相信你的新书能够继续力行你“帮助更多人得到美、领悟美”的实践。

青音（著名主持人、心理专家）

Dear Vivienne，你是我事业上的灯塔，与你的合作是我对自己工作最满意、最有感觉的时刻！

Peter Lau（摄影师、造型师）

怎么说呢？有史焱姐在，我一切都不必操心啦！她的专业值得我信赖。

李丹妮（名模）

my
favorite
must have
items

自序

我相信：懂得扮美自己的女人一定会得到更多的爱。

这本书里展现的经典，是女人万年不变对自己的深爱情怀。也许我们尚在奋斗过程中，也许我们尚未真的成功，也许我们尚未找到真爱，但，我们真的爱自己。

这本书就是写给爱自己、愿意扮美自己的女人。这不仅仅是一本教你如何穿搭配的书，在这本书里，我想跟你聊美，说人生，谈幸福。而这一切都需要从我精挑细选的 50 件经典单品说起。

经典为什么会成为经典？历经岁月洗礼，经典带有一种积淀的美，一种被历练过的魅力。经典可以赋予我们一种被时光雕刻过的美感，历久弥新，就像一部黑白的老电影，随着古老留声机的旋律，光影的跃动，被赋予全新的美和解读。

服装也是一样。

经典的服装就像经典的光影一样，可以雕琢我们的躯体，成就优雅。正如 Jordan Christy 在她的著作中所说，所谓优雅，就是在帕丽斯・希尔顿的时代，做奥黛丽・赫本。

正是这样。

你不会想到一条小黑裙可以使你看上去骨感、时髦、苗条；

你不会想到一条喇叭腿牛仔裤可以让你像碧姬・芭铎一样又性感又高挑；

你也不会想到，巴黎香颂的美女们为何都性感迷人，即使她们只是穿着一件黑色低领紧身 T 恤……

这就是经典所变幻的视觉魔术。

在这本上下册的书里，有 50 件几乎适合每个人的无龄经典单品，衣橱里有了它们，让它们成为随意自如装扮你的伙伴，你的人生会美好很多很多……

它们可以通过视觉魔法让你瞬间拥有梦想身材：必备多变的小黑裙、瞬间瘦身 10 斤的蜂腰外套、改变身材比例的极简铅笔裙……

它们也可以帮你向世界表达情怀：帅到骨子里的机车皮衣、陪你冲锋陷阵的西装外套、充满力量的右手钻戒……

我爱这每一件单品，更爱如此穿戴时的我自己的样子 。有人说美是靠天生的，我从不这么想，我认为美是靠发现。

爱上自己，发现自己，永远尝试表达自己的美，永不松手的 25 岁，才能给你最好的心态、最好的身材、最美的自己。

我常常感恩，感恩我有机会可以做与爱好和梦想有关的工作，感恩我可以到处飞去看这个世界的样子，感恩我懂得发现和表达美，感恩我可以有能力帮助每一个想要发现并展示自己美丽的人。

双手合十，真心感谢！感谢在我写这本书的漫长的日子里，给我各种帮助和精神支持的我爱的朋友们，感谢本书的编辑李凌、我的智囊知己孙广宇、帮助我拍摄的我的好友摄影师 Peter Lau、友情出镜的闺蜜们：周韦彤、查可欣、卫甜、Tanya，感谢我团队里不仅要跑前跑后安排造型拍摄、帮我搜集资料，还有靓丽出镜的帅哥美女们：薛瑶、钟麒子、王忠、蔺丹丹……要感谢的人太多，没写在这里的也都在我心里，爱你们！

史焱

写于飞往苏梅岛的航班上

2014/11/27

实用百搭

胸针 (Brooch) 21

我推荐的胸针款式
将胸针戴出新意

丝巾 (Scarf) 33

沉静的力量
丝巾的使用方法

小尖头高跟鞋 (Tapered Toe Pump) 45

法国宫廷的秘密
最具优雅风范的鞋型
聪明姑娘的选择
找到自己的 Right Shoes
关于挑选小尖头高跟鞋的金科玉律
你要拥有的款式

腰带 (Belt) 61

腰带带来气质的变化
腰带带来身材比例的变化
以不变应万变——一条腰带的不同用法
选择最简洁的常规功能款腰带
将 60 分包装成 100 分——腰封
腰链

项链 (Necklace) 77

我爱项链
项链的叠加与混搭
颈部的保养

心情
闺蜜

目录

contents

内衣 (Underwear) 91

梅菲斯特的诱惑
如果我们的内衣抽屉是日记簿
内衣是离内心最近的时装
女人的内衣不是用来掩饰的
选择最好的内衣
功能性和私密的美

手挽包 (Handbag) 105

亲爱的，你的包里装着你的家
投资一个你挚爱的包包
格蕾丝·凯莉和她的经典手挽包
手挽包的分类
我推荐的要点

长项链 (Long Necklace) 119

项链的人生观
动感的东西永远比静止的东西吸引人
不完美领型的拯救者
最重要的一点：够长
便于搭配的几种必备款式
自己 DIY

平底芭蕾鞋 (Ballerina) 135

一种想要跳起舞来的情怀
从 Ferragamo 到 Repetto，从女神到性感尤物
最经典的鞋款之一：Chanel 的双色平底芭蕾鞋

心情
闺蜜

好的鞋子随身携带
穿搭指南
选购平底芭蕾鞋的 7 个建议

香水 (Perfume) 149

每一朵花里面都住着一个精灵
香味是一件古老的事物
散发着金子一样的味道
有故事的女人
香水是女人的隐形外衣
选购要点

个性
LOGO

帽子 (Hat) 163

戴上帽子，获得新生
将衣橱的顶层还给帽子
传统的礼帽
平顶礼帽——礼帽的变体
马术帽
宽檐帽
堆堆帽

目录

contents

纯色指甲油 (Nail Lacquer) 181

精致到手指头
女人的优越在于双手
呵护你的双手
权力女性比较适合淡雅的色彩
指甲油与衣服搭配的顺色法和撞色法

存在感手镯 (Large Bracelet) 193

要 in，不要 out
存在感：不被忽视
存在感：记忆的体积
存在感：单纯表达
存在感：社交单品
存在感手镯的材质和类型
佩戴法则：极简

吊灯耳环 (Chandelier Earrings) 207

在你的包中常备一对吊灯耳环
詹妮弗·洛佩兹的大女人法则
吊灯耳环是属于自信女人的饰品
经典女人味
佩戴法则

个性
LOGO

帆布鞋 (Canvas Shoes) 219

他们都穿帆布鞋！
纯白色
旅途中
音乐灵感
漫不经心的优雅

女王
公主

宝石戒指 (Gemstone Ring) 231

用一颗天然的宝石取悦自己
被折射出的正能量
与一枚戒指的约定
每一件珠宝或配饰都是有故事的
自己的风格
佩戴原则和更有趣的创意

鱼嘴高跟鞋 (Open-toe Shoes) 243

从性感说起……
为什么是高跟鞋
真正好的鞋子是一件艺术品
鱼嘴高跟鞋的选择要点
关于鞋子的忠告

目录

contents

过膝长靴 (Over the Knee Boots) 255

你只是一双 UGG 吗?
基础色系
腿部搭配方案
过膝长靴的穿搭风格
选购指南

鸡尾酒高跟鞋 (Cocktail Heels) 265

从迷醉到迷醉
女性主义的享乐精神
灵魂深处的优雅与叛逆
付出很多才可穿上的鞋子
选择：避免艳俗
性感是最高级的升级课程

明星墨镜 (Sunglasses) 275

20 世纪最常青的 Fashion Icon
墨镜占据了我们脸的三分之一的面积
脸上的 logo

励志单品

右手钻戒 (Right-hand Ring) 285

女人应该享受奇迹
谁说钻戒只能是 Mr.Right 买给你的呢?
随心所欲的女郎莫文蔚
爱自己是一生的事

大围巾 (Oversize Scarf) 293

当床盖变成了围巾
女人的创意
夏天和冬天都离不开的围巾
我喜欢两极化
选择最适合搭配的围巾
一块面料的巧思

手拿包 (Clutch Bag) 301

与贵族无关
有包不背，必须要拿着
潮包潮拿法

腕表 (Watch) 309

手表象征着财富、梦想与瑰宝

目录

contents

时间是我们需要永恒掌握的
Chanel 的 J12 白陶瓷腕表
大腕表是一种表达方式

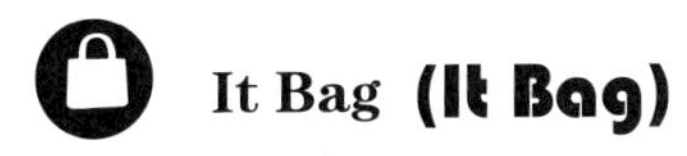
It Bag (It Bag) 317

一定要拥有的包
那些 It 偶像们
It Girl 特征
什么 It Bag?
Must have! 一款经得起时间考验的包包

有一些物件，你可以从老奶奶的首饰盒里找到，但并不妨碍它成为无可比拟的时尚单品。这就是它们，风华绝代，艳光永存。

——胸针绝不可能是用来炫耀 39D 的胸围的，它可以从头到脚衬托你！

——有一种东西，它像一块布，碧姬·芭铎戴它、奥黛丽·赫本戴它、王妃戴它、女魔头离不开它……这就是丝巾！

——女人的鞋柜里，总是缺少那么一双，但其实，拥有高情商的女人，只需要一双——小尖头高跟鞋。

——腰带自古以来就是武器，不是吗？是男人的，也是女人的。它是一条分割黄金比例的魔线，你怎能不爱它？

——从古到今，有人为它失了身，有人为它浪费了青春，有人为它献出生命。长长短短的链子，摇曳出女人对美的追逐史。

胸针

丝巾

小尖头高跟鞋

腰带

项链

NO.1 胸针

Brooch

Brooch

胸针

● 大英帝国的维多利亚女王是胸针的忠实拥趸。

● 美国著名外交家玛德琳·奥尔布赖特出版过一本名为《读我的胸针》的书，叙述了她收藏胸针的点点滴滴，以及在她生命中每一个重要时刻佩戴的胸针。

● 最具有传奇色彩的胸针，是卡地亚蓝宝石"猎豹"胸针。1949 年，温莎公爵将这枚胸针送给他所爱的女人，并为她放弃了英国王位。

● 胸针是一款超级配饰——功能性最强，可以有无数种用法。

在 Armani 2013 年秋冬这一组装束中，帽子、胸针、衣扣、腰带和鞋子形成了浑然一体的完美呼应，在中性极简中透露出优雅和另类风情。

胸针可说是历史上最古老的饰品之一了。

据说在青铜器时代，胸针就已经出现，最早是作为别针扣住古人烦琐的衣衫的。后来，人们在这枚小小的别针上，装饰上具有浮雕效果的珍贵珠宝，使胸针在功用性之外，增加了别致的美感。

拨开胸针冗长的历史，这款配饰也的确可算是祖母级的。你没见过英国女王伊丽莎白二世经常会在胸前佩戴一款价值连城的祖传胸针，以配合她那一头优雅的银白色卷发吗?

在我小时候的印象中，胸针的确是阿姨或阿姨的阿姨们的专利。年老的姑妈、和蔼的外婆，最喜欢在胸口佩戴一枚带有时光印记的首饰，中规中矩，毫不过分，为朴素的衣着装点一丝星光的闪耀，却也丝毫不具备任何夺目的美感。

当然，这都是陈年往事了……

Brooch

FENDI 用珠宝与羽毛材质胸针点缀它浪漫无比的粉红色露肩小纱裙。我们可以看到胸针随心所欲的装饰性特质。

在多年的形象设计生涯中，我越来越发现，这种看起来老掉牙的装饰品——胸针，却可以持续地、花样翻新地发挥出强大的功效。有时候我会被朋友们戏称为“胸针女王”，好吧，我承认有时我会为此窃喜，因为我是如此热爱胸针。

我喜欢胸针，因为它是一种超级好用的配饰。平日里，我喜欢拿着这类小东西不断琢磨，创新出不同的佩戴方法，有时还会动手设计属于我自己的胸针。当我赋予它们全新的佩戴方式时，我会非常兴奋。我从来不认为，将一枚胸针别在衬衫领子或胸口是一种点缀——这种佩戴方式没有任何创意、创新，它的功用仅仅在于从视觉上突出女性的胸部！

胸针具有十分强大的功用性。也许仅仅是一身平庸的衣服，而在几枚胸针的作用下，立刻焕发出光彩。

Versus 酷女郎的大别针！极具装饰感和挑逗性，别针在这里已经不再具有唯美属性，而带着一种都市的撕裂感和刺穿力。

我希望设计出一类配饰，是我能够随心所欲使用的

我自己有很多配饰，闲暇时，我经常会把玩这些漂亮的小东西。我发现，每一种配饰，基本上只有一种单调的戴法：为何一枚戒指就仅仅是一枚戒指？一副耳环就只能挂在耳朵上？

现在的珠宝首饰设计十分单调、乏味。通常我们花大价钱买来的一颗钻石，只能单一地、从一而终地戴在手指上，这是一件多么浪费又多么无趣的事啊！

我希望自己能够设计出一种可以“变身”的配饰。

一枚胸针，转眼间可以变成项链，变成手环，变成戒指、头饰。它甚至可以是包饰，下次或许还会出现在鞋子上。有巧思的女士们可以全凭自己的聪明才智去发挥、使用。这些变化可以让每个女人充满期待地享受自己的珠宝，从设计、搭配，以及巧用心思中获得无限的乐趣。

Brooch

我推荐的
胸针款式

到哪里找到自己心仪的胸针款式呢?

当然，经典大牌永远不会出错。一些具有品质感的饰品品牌，每年也会推出具有强烈装饰感的精美款式。当然，到欧洲的跳蚤市场（flea market）或古董市场淘一淘，准会让我们脆弱的心怦怦直跳，你会发现，具有浓厚时光印记的古董胸针具有永不磨灭的古典美感。

有两种经典款胸针是我目前最喜爱的。

1.复古款式。具有维多利亚式奢华风格，古典、繁复、小巧，具有精巧的工艺，华丽而气场强大，在佩戴时可以为整身搭配起到点睛作用。

2.闪亮型。Bling bling 的配饰在穿简约服装时，可以很好地平衡相对沉稳的气氛，加强点缀作用，使整体形象动静相宜。

将胸针
戴出新意

将胸针戴出新意，是一件一举多得的事情。

当我们戴着一对闪亮的耳环或一串雅致的项链，得到的反馈通常是“哇，很漂亮的耳环！”“多么美的项链！”“真的很衬你的肤色！”之类客套的赞美。而当你佩戴一款搭配出彩的胸针露面时，大家除了称赞你与众不同的气质之外，还会认为你是一个搭配高手，一个聪明的、有巧思的、有能力把自己打扮得与众不同的女人！

怎样将胸针佩戴出新意呢？

将你首饰盒里尘封多年不见天日的胸针们都拿出来吧，你可以自由搭配它们，即便这些胸针风格不同、材质各异，通过混搭和叠加，也可以搭配出很好的效果。

我非常喜欢在穿衬衫时使用胸针作为配饰。或者说，当我穿着衬衫时，我必定会佩戴胸针！我知道大多数优雅的女性会认为丝巾是衬衫最好的配饰，而我通常使用更加绚烂的胸针。

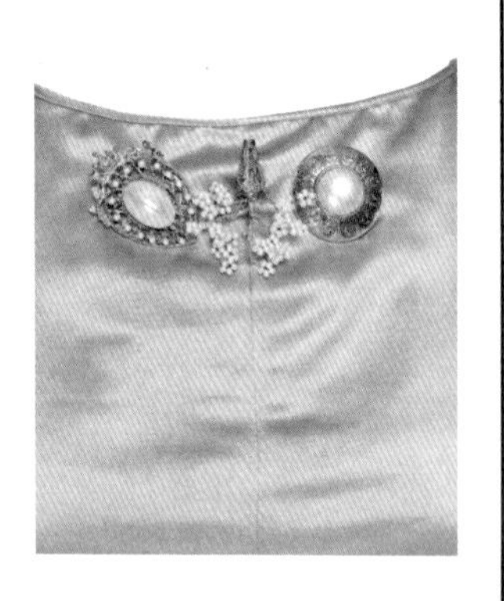

最经典的佩戴方法

1. 把衬衫扣子系到最上面一粒，用一枚复古胸针别在领口位置，十分典雅，类似一个小领结的作用。

2. 将几枚胸针叠加排列在胸前。比如，几颗银色钻石胸针在第一视觉三角区由上到下排列，很单纯、很雅致。

3. 两枚一模一样的胸针，分别戴在衬衫的两只领尖上，类似欧洲古典的领夹，很复古，也很独出心裁。

不走寻常路的佩戴方法

1. 在胸前某一位置佩戴多枚胸针，你甚至可以夸张地戴成一片，多枚胸针的华丽感将我们的第一视觉三角区变成一个光彩夺目的小花园，具有强大的气场感。

2. 将多枚胸针佩戴在领口下方，排列成一串项链的形状，以代替颈饰。外面无论搭配西装外套还是针织衫，都会非常精致好看。

3. 另外，胸针对我而言，还有很多很多实用的佩戴方法。比如可以将胸针变成发饰，在梳辫子时别在头发上。或者将胸针当作帽饰，别在帽子上。如果你手够巧，将胸针做成手环，没准会制造出很大牌的效果。

4. 对于那些穿衬衫、打领带，走帅酷路线的女孩来说，如果在领带上别满闪亮的胸针，会极具装饰感。

5. 将胸针别在高开衩长裙的开衩处，魅力十足！相信我，一定会吸引足够多的异性目光。你还可以学习妮可·基德曼，将胸针别在露背礼服裙的后面。闪耀的胸针配合适度裸露的肌肤，以及随意盘起的长发，极具优雅美感。

Brooch

累积与叠加

在我的时尚概念里，有品位的着装态度只有两种：要么极度简约，要么极尽华丽，没有中间路线。折中不会带来简洁，而是一种负效果，只会造成婆婆妈妈、啰唆、平庸。

在配饰的搭配中，我最喜欢“叠加”这种略显夸张的搭配手法。相信我，某一种单一元素的累积、叠加，会出现你意想不到的艺术效果。这种华丽感，是制造强大气场的不二利器。

在镜头前，胸针能够变成炫目的道具

在日常搭配中，胸针的这种实用性给我带来了很多赞美；即便是做特殊造型，它也是我必备的工具之一。

在录制节目或拍摄大片时，我经常会给团队伙伴演示如何佩戴胸针。有时候，主持人穿了一件稍显传统的礼服，我会使用胸针帮她提亮，用几枚不同的胸针制造浮凸的点缀感，让整体形象更加生动。

Brooch

有一次，杨乐乐主持《购时尚》节目时，穿了一身黑色套装——这是一身很漂亮的衣服，王培沂的设计，简洁的裤装，上面搭配有肌理效果的小外套，十分帅气。然而在镜头前，整身的深色却显得很黯淡。怎么办呢？在她外套的每个肌理效果里，我都帮她别了一些小胸针，制造出一种隐约的闪耀感、更深层次的立体效果。这身衣服在镜头前的感觉瞬间改变，呈现出精致的舞台感，也非常抢眼。

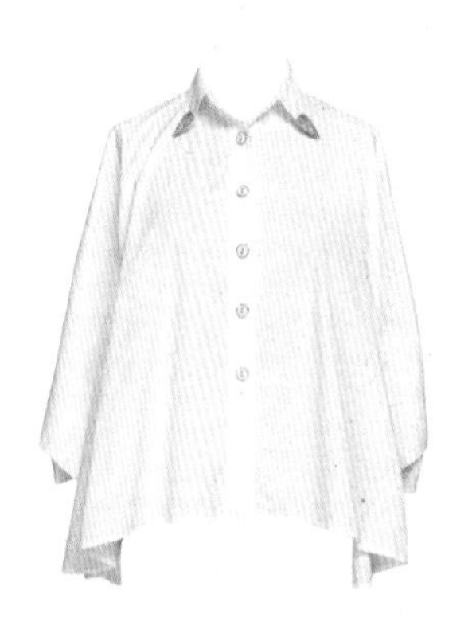

在做节目时，我也经常会为男主持人搭配一枚好看的胸针。其实都是随手拈来，并非为他特意准备的男士款，然而这些小配饰点缀在他的外套上，立刻显得很有灵气，也很与众不同。

你会发现，扮美是一件多么简单的事！如果有心，创意随处皆是。美并不在于你穿着多么昂贵、时髦的服装，佩戴着多么华丽的珠宝。更多时候，美是源自内心的那一点点期望——期望自己与众不同，期望自己能有一些创意，通过巧思妙想让自己变得更加美丽、自信、出众。

胸针就是这样一种能够表达女人内心期望的最佳道具。千万别小看它！

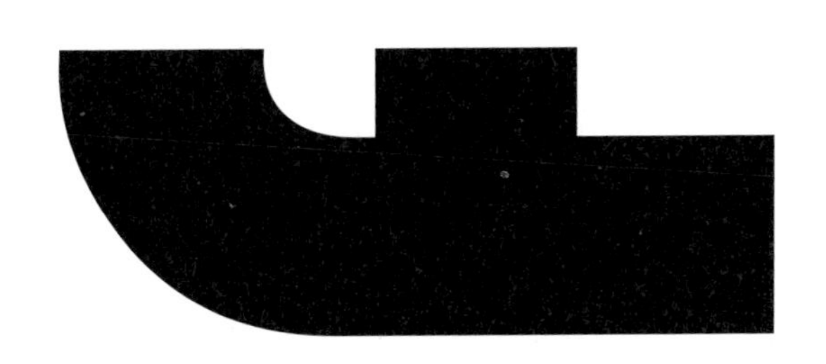

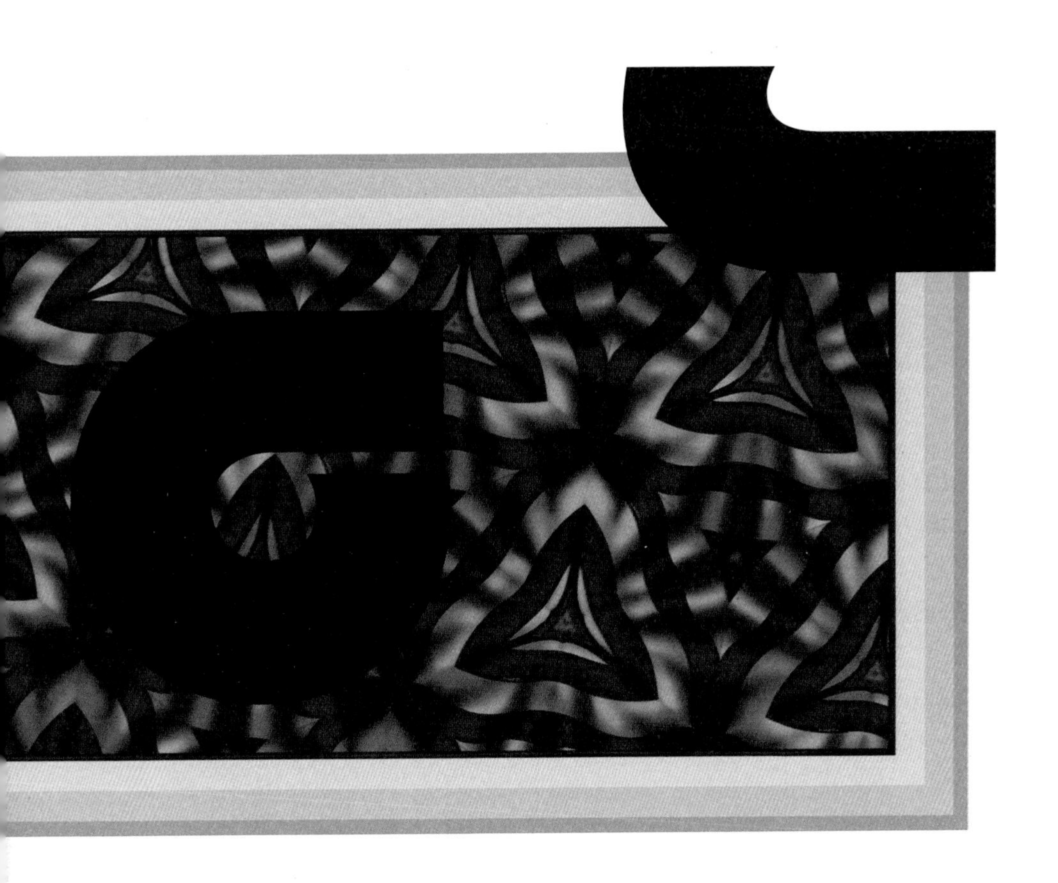

NO.2 丝巾
Scarf

Scarf

丝巾

● 丝巾是一件形象升级单品。它不是一件起步单品——戴好丝巾尽显功力。

● 优质的蚕丝丝巾其实没那么容易出现褶皱。

● 奥黛丽·赫本曾说：“我只有一件衬衫、一条裙子、一顶贝雷帽、一双鞋，却有 14 条丝巾。”

你总要相信这样一个事实，无论丝巾有多么古老、怀旧、祖母级，女人们一直对它精美的材质、柔滑的触感、悦目的色彩和醒目的图案情有独钟。挑选最富品位、质感与花色的丝巾，可以为整身服装增色，使细节表现趋于完美。

丝巾善于表现女性的柔媚性感，尤其是对于职场女性，更能体现出她们良好的教育、广阔的视野和与众不同的妩媚。

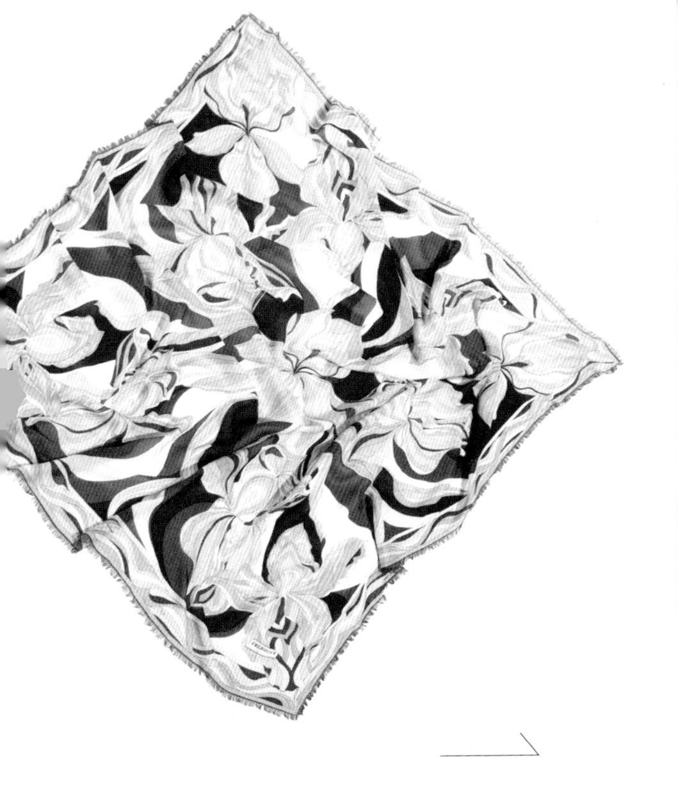

丝巾是千变万化的，用法也是花样迭出。长久以来，丝巾一直受到奢侈品豪门的钟爱，在各大秀场中，也是被使用最多的道具之一。

丝巾的表达是含蓄的、睿智而富于想象的。世界上最具优雅典范的奥黛丽·赫本曾经这样赞美丝巾的力量："当我戴上丝巾的时候，我从没有那样明确地感受到我是一个女人 —— 一个美丽的女人。"

在经典电影《罗马假日》中，逃出王宫的安妮公主领口系着一方小丝巾骑在小绵羊摩托车上环游罗马；在《谜中谜》中，赫本用白色丝巾系成头巾搭配夸张的大墨镜，成为此后时尚人群持续效仿的样本。

Scarf

法国女人与丝巾

事实上，我很敬重爱马仕这个品牌。170 多年来，从最初的马具品牌起家，丝巾已经渐渐演变成爱马仕非常重要的一个门类。每当说起丝巾，人们往往都会想到这个备受尊敬的品牌。爱马仕将丝巾当成一种艺术，体现了真正的、法国式的优雅。

为什么丝巾这样一件看似简单的配饰，会成为像爱马仕这种国际一线品牌的主打产品呢？这其中饱含着诸多历史和人文的沉淀、民族的价值观和对女性的深刻崇拜。

爱马仕丝巾让法国女人找回了久远的优雅传统，它不但是身份、地位的象征，也是法国女性优雅的象征。

大多数法国女性都坚信：一方 Hermès 丝巾会让她们更加高雅。

当我走在法国任何一条街道上，坐在任何一个露天咖啡馆里，都可以看到花样繁多的匆匆拂过的飘扬着的丝巾一角……每个到过法国的人都会深深感受到，法国女人是被丝巾所点缀着的。在世人眼中，这肆意飘扬的，不仅仅是漂亮的印花丝巾，更是那个独立自信的、系丝巾的女人。

我们怎能不为这样的独立、优雅所感动！她们那种随意的精致，那种婉约的态度，那种自信的坦白，对于时尚的专注

和领悟……有很多很多方面，都值得我们一再学习。

爱马仕曾经连续几年做过一项活动：丝巾街拍。

摄影师在街头拍摄到不同的女子用丝巾搭配出来的各种各样的创意方法。在我看来，这项活动本身就给人与众不同的艺术享受。一块小方巾，在一个法国女人身上，可以变幻出成百上千种感觉和状态，这种对于装点自己的孜孜不倦的态度和不懈的热情，是我在中国女性身上极少能够见到的。

无可比拟的爱马仕

关于法国丝巾的秘密，你可能了解得并不多——

从 1937 年到现在，已有 900 多款爱马仕方形丝巾面世。

古典优雅的图案是爱马仕丝巾的一贯风格，每款丝巾图案都有独特的故事背景，也因此具有收藏与纪念价值。它优美、精致到无懈可击的图案，来自世界各国文化中的经典故事，以至于不少室内设计师会购买爱马仕丝巾当作壁画悬挂在家中。

Scarf

一般丝巾是用5~6只蚕吐出的丝编成一根纱线，而爱马仕是用8只蚕的丝线量编成每一根纱线，这也是为什么爱马仕丝巾垂坠感更强、更坚挺，打结效果也更加立体的原因。

每一款爱马仕丝巾从设计到制作完成约需一年半时间。“它的出品过程像酿造最考究的葡萄酒——需要时间、技巧和最好的原料以及艺术天赋。”

1956年《生活》杂志封面照上，当时已是摩纳哥王妃的格蕾丝·凯利（Grace Kelly）用一条爱马仕丝巾作为受伤手臂的吊带。

1986年英国发行的女王60岁寿辰纪念邮票上，伊丽莎白二世系着爱马仕丝巾。

2013年法国情人节邮票上是一方爱马仕丝巾。

沉静的力量

前些时候，我曾受邀参加克里斯汀·迪奥品牌为其顶级的Prestige护肤品做的形象课堂活动。

我所讲授的内容中有一部分与迪奥先生后花园

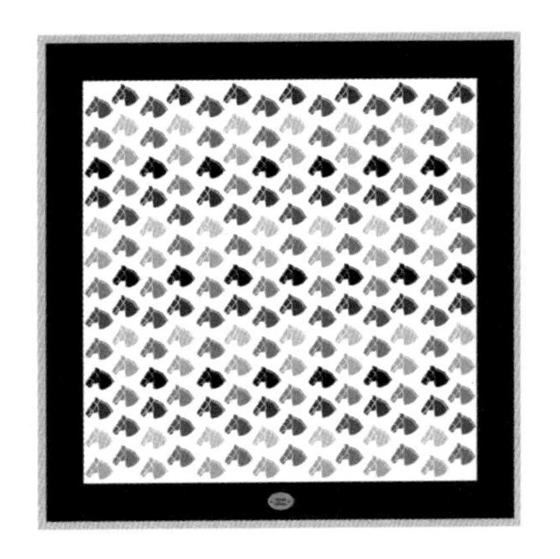

中的丝缎玫瑰有关。我设计了一个活动环节，用丝巾做出玫瑰的样子。私下里，我琢磨出各种各样玫瑰花结的丝巾打法，并买了很多真丝纯色小方巾。

在活动现场，我请每位嘉宾打出属于自己的玫瑰花结。当时，流露在每个人脸上的兴奋与他们积极热情的态度打动了我。我发现，仅仅是一个小道具，就可以让人感受到很多在日常生活中一直被忽略的东西。一朵玫瑰、一块丝巾，就可以让那些身经百战、事业成功的女性，重新恢复如小女孩一般单纯的笑容，她们纷纷兴奋地将自己亲手制作的真丝“玫瑰”戴在头上、手上，装饰在包包上。

丝巾的魔幻色彩和可塑性，可以成为腰带，可以编结为玫瑰，可以为你做任何事。

在讲解时，我告诉大家，这是一个“魔术”，而这个“魔术”透露出一个真理，那就是：每个女人都爱花、爱玫瑰；每个女人也都应该像鲜花一样盛放——正如迪奥先生所言，“每个迪奥女人都是女皇，一如玫瑰，艳压群芳”。

我也曾经在央视的“美丽空姐”节目里，帮助12名选手只用丝巾设计出适合自己的上衣。我用不同的丝巾在她们身上当场比试、创作，其中，有很多手法是现场的临时创意。我希望通过这个活动，能让更多的女性认识到：即使是一块丝巾，也有许

许多多的搭配方法和创意。成就美好并非必须拥有高级品牌、时髦单品，一件简单的道具，就能获得与众不同的创意和时尚气息。

亲爱的，现在你是否已经跃跃欲试了？那我们就将丝巾当成一个道具，给自己一项任务、一个小小的挑战，尝试一下：

一块小小的方巾，通过自己的巧思，究竟可以变幻出多少种与众不同的造型?

除了一些常规的系法，你还要创造一些属于自己的小秘密。让所有见到你的人都能感到，你是一个聪明的、有想法的、会创新的、爱生活、爱自己的女人。

我相信，在得到赞美的同时，你还会感受到无比的愉悦与成就感。

用丝巾巧妙构造成的小抹胸，与整身的牛仔装扮完美融合，丝毫不显突兀：既有女性的柔美，又有牛仔的洒脱。

你必须拥有的几款丝巾

小方巾（45 厘米 x45 厘米）

小方巾尺寸虽小，但使用方法却是灵活多变的，

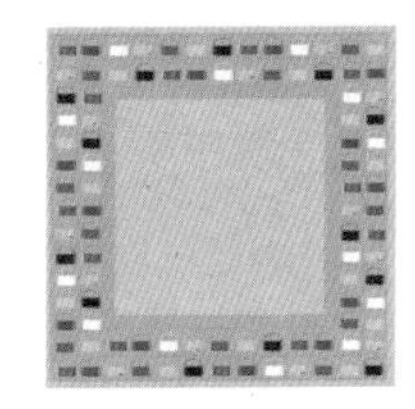

可以作为手帕，可以系在颈间、手腕，或系在包袋上作为装饰。在出席重要场合时，你也可以贴心地将小方巾折叠放在爱人的西装胸前口袋里，露出一角作为不俗的装饰。

大方巾（90 厘米 x 90 厘米）

大方巾是用途最广泛的常规款丝巾。好莱坞黄金时代的女明星们喜欢将这种方巾折叠，系在头上。大方巾图案优美，富含寓意，适合收藏。钟爱丝巾的女士可以通过了解丝巾的历史，发掘出更多丝巾的使用方法。

超大方巾（ 140 厘米 x 140 厘米 ）

超大方巾可以用作披肩、抹胸、裙装，显示出女性飘逸的本性。这么一大块美丽的丝绸，你还会发愁它没有用武之地吗？！

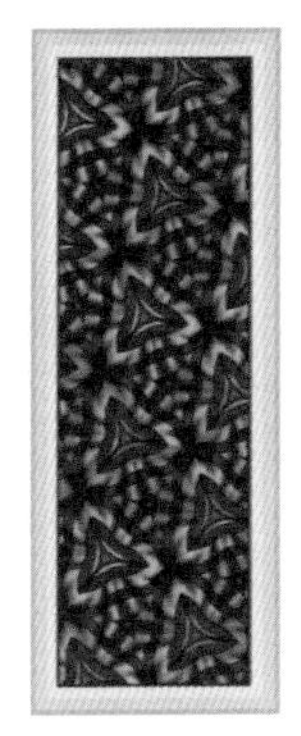

长巾（ 35 厘米 x 80 厘米 ）

这种异形尺码的丝巾可以很好地展现女性纤细的身姿，修长的脖颈。长巾也可以改装成发带、腰带、包带……尽你想象，无所不能。

Scarf

丝巾的使用方法

1. 系在头发上作为丝带。丝巾的末梢与发尾融为一体，随风轻扬，是一幅极其优美的画面。

2. 将丝巾编进辫子。最新的爱马仕广告中，一个年轻时髦的金发女郎将艳丽的爱马仕丝巾编进自己金色的发辫中，美妙无比。

3. 将丝巾当作半裙，既飘逸又率性。在时尚秀场中，丝巾可以被当作裙装。在设计师的眼中，丝巾的美和可塑性是天马行空的，你完全可以任意想象。

4. 将丝巾拧成一股，作为项链、手镯佩戴，或打结作为背包，简单、实用、轻松、优雅。

5. 拧一拧做成腰带——这是我最常用的方法。

6. 典雅的丝巾搭配现代时装，带扣丝巾的用法非常浪漫出彩，极具女性的柔和妩媚，实用时髦。

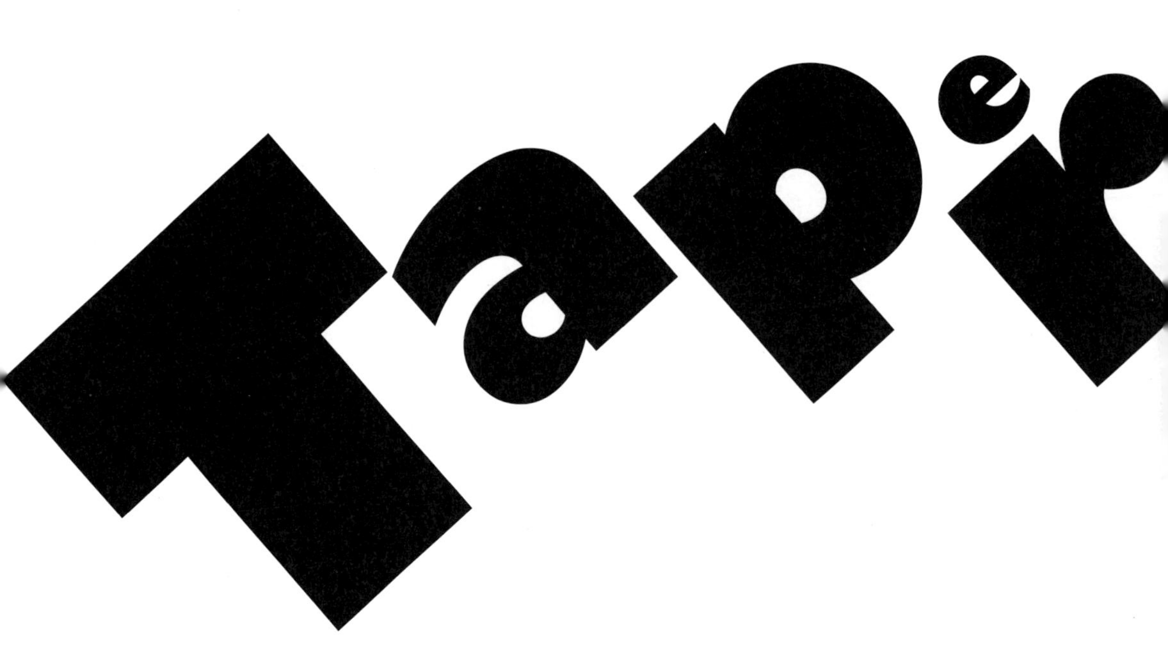
TaPer

NO.3 小尖头高跟鞋

Tapered
Toe
Pump

Tapered Toe Pump

小尖头
高跟鞋

● 小尖头高跟鞋是一款可以瞬间拉长腿部线条的单品。

● 我的鞋柜里最多的是这类单品。

● 小尖头高跟鞋是高跟鞋家族中穿着感最为舒适的"成员"。

法国宫廷的秘密

据说，是15世纪法国宫廷的服装师发明了高跟鞋。

400多年后，性感女神玛丽莲·梦露曾经提起这件事："虽然我不知道世界上是谁发明了高跟鞋，但我认为全世界的女人都应该感谢他。"

16世纪末，高跟鞋是贵族们才能享受的时髦装扮。据说，法国国王路易十四身材矮小，为了看起来高大、威武，更有国王范儿，他让鞋匠为他的鞋装上4英寸的高跟，并且只穿红色鞋子，以彰显自己至高无上的尊贵身份。那之后不久，贵族妇女也纷纷穿起高跟鞋，并且一穿就再脱不下来，时尚热度一直持续了几百年。

那时，优美的女鞋由丝绢制成，适度的高跟，鞋身优美细长，鞋跟与鞋底连成一体，装饰有精致的蕾丝和丝带，或珍贵的珠宝和蝴蝶结。这些美丽的鞋子，我们可以在法国凡尔赛宫的贵族私人藏衣室中一睹风采，在才女导演索菲亚·科波拉2006年执导的玛丽·安托瓦内特皇后的传记电影中依稀可见。

早期的高跟鞋充满了奢靡华贵的色彩，然而限于当时的造鞋技术，高跟鞋的种类十分单一，材质高档，却很不耐穿。鞋的形状和高度十分淑女、含蓄。直至20世纪50年代，造鞋工艺有了质的发展，天才的设计师们才设计出今天我们又爱又恨的尖细跟高跟鞋。

小尖头高跟鞋具有地球上最优美的曲线和弧度，在数学上，符合对于脚部的黄金分割比例；在精神层面，符合人们对于女性美的一切想象。

最具优雅风范的鞋型

传奇的世纪鞋匠菲拉格慕（Salvatore Ferragamo）倾尽一生，为世界上最著名的女性制造高跟鞋，他将高跟鞋带进时尚殿堂的传奇地位。

他曾说："我喜欢脚，脚会跟我说话。我只需用手触摸，便可感受到脚的优点和弱点，脚的情绪是愉悦还是颓败。健康的脚肌肉结实，脚弓强健，是造物主的杰作。触摸这样的脚是一种喜悦。不健康的脚 —— 脚趾弯曲，关节丑陋，松弛的韧带在皮肤下游走，这是一种痛苦。触摸这样的脚，令我心生懊恼和同情 —— 懊恼自己无法为世上所有的脚做鞋子，同情每步都要受折磨的所有的人。"

菲拉格慕认为，当脚踏进鞋子的那一刻起，就应该是最舒服的。因此，菲拉格慕的每一款鞋都有 50 个变化极微的尺码，以保证客人一定把鞋试穿到最舒服的状态。一直以来，菲拉格慕的鞋子似乎都拥有一股摄人的魔力，成为各界名人的必然之选。

我曾经采访过菲拉格慕的家族传人，他对高跟鞋的鞋型有着非常精准的理解。他说："漂亮经典的鞋型，从任何角度丈量，都会跟随世人所崇拜的黄金比例，包括高度、长度、弧线等等，符合造物主创造美的最基本规律 —— 这是一个惊人的发现。"

而小尖头高跟鞋，则是最符合这个黄金分割比例的鞋型。

美的东西，是最贴合人体的东西，没有多余的装饰，也没有太过分的夸张，完全为了表现最自然、最原本的人体美。小尖头高跟鞋将脚完整地包裹起来，线条圆润、流畅，从鞋跟到脚掌，呈现出极其优美的弧度，具有摄人心魄的视觉美感。

Tapered Toe Pump

聪明姑娘的选择

2012年，我曾帮《盛夏晚晴天》剧组做形象总指导。与杨幂的愉快合作，让我对鞋子有了更深刻的理解和感受。

在帮杨幂做造型时，我建议她选一些自己喜爱的鞋带到片场。之所以这样做，是因为我十分了解：只有自己的鞋穿着才合脚。拍戏对于很多职业演员而言是十分辛苦的事情，经常有可能一站就是十几个小时。在那种情况下，如果穿着一双不合脚的鞋，简直就是噩梦！

杨幂带来了很多双自己的鞋。我看过之后满心欢喜——她的鞋子让我对这个年轻的姑娘刮目相看。

从选择鞋子的品位我可以看出，杨幂是个非常聪明的姑娘——她的鞋无一例外全都是小尖头高跟鞋，只不过有鞋跟高矮的细小区别、颜色上的些微差异，有亮色、裸色，以及基本的白色和黑色。每一双鞋都是百搭款，可以和衣服融合起来产生呼应。

杨幂是我接触的诸多明星中，对自己定位最明确的女孩之一。从她对于鞋子的选择可以看出，她心无旁骛——只有小尖头高跟鞋。那天，我们俩的话题完全被锁定在小尖头高跟鞋上。她向我讲述了这种鞋的无数好处，为她的穿着和外形带来的帮助，以及小尖头高跟鞋是如何成为她的心头之爱的。

我相信她最后将目光锁定在小尖头高跟鞋上，一定是经历了选择的过程的。在经历了无数痛苦的尝试和“磨炼”之后，最后发现，小尖头高跟鞋才是最适合她的那一款。

杨幂的故事让我非常感慨。很多女性在年轻时喜欢尝试不同的选择，包括选择高跟鞋，也包括选择不同职业、不同男朋友。年轻时的心态我们都曾有过，尝试新鲜事物的冒险精神

Tapered Toe Pump

也无可厚非，但重要的是，是否在关键时刻适时地锁定自己的目标。很多女人一直到了 40 岁，也仍然没有找到自己的 Right Shoes，更遑论自己的 Mr.Right。

杨幂很聪明，我们从她的高跟鞋和刘恺威就可以看得出来。在越年轻的时候，越心无旁骛地选择了对的那一个，它能带给你的回报就越大。

这就是她令我敬佩的地方。

一双不合适的鞋，可能会扫了你一天的兴，错过很重要的机会。

当你穿戴着精心搭配的衣着和一双漂亮精致的鞋子，去参加一个晚宴，或出席一个典礼，又或是参加一个重要的谈判，走了不到十分钟就开始狼狈不堪，脚趾开始大声控诉，神经即刻将痛楚传入大脑，精神也随之烦躁不安，一系列负面感受倾盆而来。

如果你站着非常不舒服，试想还会有什么心情去落落大方地和别人握手、谈话，轻松优雅地穿梭于人群中呢？如果一双鞋，除了带给我们形象上的优美，又能在我们走路时，保持完美的步态，这才是一双好的鞋子。

粉嫩的色彩搭配，乖巧的形象，杨幂极少在鞋子搭配上出错，不能不说是一个极聪明的姑娘。

小尖头高跟鞋是我最钟爱的鞋型，无论什么季节，都可以轻松搭配出优雅简洁的都市女性形象。这是一个深秋，我在北京街头，用钟爱的亮粉色鞋履呼应同色的一件式裙装，我的好朋友为我抓拍下这一刻。

找到自己的 Right Shoes

有人说，高跟鞋是女人最好的朋友。我想发自内心地说：并非所有高跟鞋都是女人最好的朋友。Right Shoes 才是你的朋友。在这个世界上，没有任何人的一双脚是完全一样的，你必须找到对的鞋。

人们总是用鞋子来比喻男女之间的婚姻状态。这个比喻真的很好，在别人看起来是十分美好的，但舒服不舒服，只有你自己知道。

寻找 Right Shoes 的过程是漫长的、艰苦的。作为一个高跟鞋控，我用我的脚尝试了能够找到的各种各样的鞋。在这个过程中我发现，有些人是用手做鞋，有些人则是在用心做鞋。

高跟鞋种类有很多很多，鱼嘴高跟鞋、防水台型、绑带型……并非所有女人都能够驾驭那些时髦的款式，而小尖头高跟鞋是适合每一个女人的。

无论你是高、矮、胖、瘦，腿粗还是腿细，小尖头高跟鞋都绝对不会给你减分。

我常常说，高跟鞋是女人瞬间增高的武器。而小尖头高跟鞋可以让女人更加轻松地拥有高雅的气质，令腿部显得更为纤长。

为什么呢？

这是因为小尖头鞋合脚的鞋型让脚背和小腿完全融为一体，造成了视觉上的延长效果，因而显得小腿更加纤细修长。这是小尖头高跟鞋最受女孩们欢迎的原因。

Tapered Toe Pump

小尖头高跟鞋的款式

小尖头高跟鞋大致有三种款式：

1. 鞋跟从后跟部位笔直延伸下来的款式。

鞋跟与脚掌之间的距离很大，不够优雅。这是一种偏重商务的凌厉款。我个人认为这种鞋型不够有女人味，我自己从不购买。

2. 鞋跟靠前，接近于脚掌位置的款式。这是最为优雅、经典、复古的鞋型，由中世纪的高跟鞋鞋型演变而来。

这种鞋型会使双脚显得小巧、可爱，适合脚部尺码较大的女士。但是，这样的鞋在穿着时较难掌控，身体全部靠脚掌支撑在细细的鞋跟上，不太容易掌握平衡。另外，这种款式容易造成鞋跟损耗。

3. 最合适的鞋型是介于二者之间的，既有漂

小尖头高跟鞋可以令脚的轮廓与小腿融合成一体，

有效地延伸了腿部的线条，使双腿看起来更加纤细、修长。

亮的弧度，同时能稳稳地支撑脚后跟，鞋帮边缘沿着跟腱包裹至整个脚跟，鞋跟具有圆润的弧度。

如何选择一双小尖头高跟鞋

像我这种高跟鞋的忠实粉丝，可以穿着高跟鞋跑步、站一天，都完全没有问题。这是因为我非常了解什么样的鞋子品牌适合我，什么样的鞋型适合自己的脚。

塞乔·罗西（Sergio Rossi）的尖头鞋非常棒！非常适合我。

圣罗兰（YSL）的鞋型和鞋楦也做得非常好。

当然，也有很多大品牌做得并不好，穿上之后并不舒适，甚至会影响站立的姿势。我自己就非常不适合穿缪缪（Miu Miu）的鞋，尽管我十分喜欢这个牌子。

这个世界上，每个人的脚都是不同的。你需要寻找适合自己的那双鞋。就像你需要花心思寻找自己的 Mr.Right 一样。

Tapered Toe Pump

关于挑选小尖头高跟鞋的金科玉律

1. 我们所说的小尖头高跟鞋并非那种细长的尖头 —— 细长的尖头显得强势、过于成熟，小尖头是那种带有弧度、前端逐渐过渡为尖头的款式。无论时尚潮流如何改变，这种鞋子都是非常实穿的。

2. 小尖头高跟鞋也并非圆头鞋。圆头款式比较可爱，不容易显得优雅精致，虽然穿着舒适，但在拉长腿部线条的效果上会差很多。

3. 鞋跟的高度可以根据个人的需求和喜好来选择。

如果你是一名管理者，可以选择鞋跟高一些的款式。高跟会让女性看起来柔和、精致，更加职业化。

如果你的工作需要经常走动、站立，可以选择 3 至 5 厘米的鞋跟高度，穿起来不会过度疲劳而造成脚部负担。

对高跟鞋有畏惧感的女性，也可以选择尖头坡跟鞋——那种纤细的坡跟，从各个角度看起来也很优美。

4. 最优雅的小尖头高跟鞋是没有防水台的。

5. 小尖头高跟鞋前面的弧度要贴合脚部，优美地包裹住脚面，可以帮助我们修正脚部

你要拥有的款式

的微小瑕疵——比如，大脚趾关节比较突出、脚趾长得不够美观等等。

6．在选购试穿时，将鞋子穿在脚上，来回至少走5圈，才能知道这双鞋是不是适合你。不要在软的地毯上试走。有经验的女性朋友都知道，穿着高跟鞋走在地毯上和走在硬地板上的感觉是完全不一样的。

在一个女人的鞋柜中，要同时拥有简洁款和设计款两种风格迥异的小尖头高跟鞋，才是最完美的。这两种风格的鞋子可以配合我们的心情、妆容和衣着，出席任何场合，帮助我们成为众人瞩目的焦点。

黑色简洁款式，是万年不变的经典，也是最不会出错的百搭款，因此，也是众多红毯明星的最爱。

简洁款

简洁款小尖头高跟鞋可以搭配所有衣服，适合出席所有场合。

当我们的整身装扮以衣服为中心时，就需要在鞋子上做减法。**最成功的搭配，是将人们的目光定格在你完美的双腿和整体的线条上，这也是一双合适的鞋子最重要的功能。**

最具有功能性的简洁款小尖头高跟鞋：黑色款、裸金色款。这是你鞋柜中必备的两款鞋子。

鞋子也会说话！女性的张扬与凌厉，有时候不在于自身肢体与语言的表达。一双夺目的鞋子，可以表达出你的很多情绪。

设计款

当我们选择具有设计款的小尖头高跟鞋进行搭配时，高跟鞋就是我们全身的主角！这时候，鞋子本身

Tapered Toe Pump

在替你说话，一双闪耀的鞋子将聚焦众人的目光。比如杜嘉班纳（D&G）设计感强烈的紫色豹纹高跟鞋，或者带有金色铆钉的小尖头高跟鞋、装饰有闪钻的小尖头高跟鞋等。

让腿部更加修长的小技巧

小尖头高跟鞋可以让我们的小腿显得纤细修长，尖尖的鞋头起到视觉收缩效果，使脚部显得纤巧秀气。如果有进一步的修饰和搭配，还会出现更为加分的效果！

穿好丝袜

让高跟鞋与丝袜相呼应。比如用黑色丝袜搭配黑色小尖头高跟鞋，统一的颜色将腿部和脚完全融合协调，起到瞬间拉长腿部的视觉效果。

小尖头高跟鞋与丝袜的搭配，的确可以令女性显得更加迷人！

裸色高跟鞋可以将女性的肌肤衬托得娇嫩如雪，更增妩媚。

选择裸色系

一个浅显的道理是：在不穿丝袜的时候，尽量不去选择黑色鞋子。这是因为黑色鞋子与我们浅色的肌肤会形成强烈的反差，使脚部显得沉重而突兀。此时，最好的选择是裸色和裸金色系鞋子。在视觉感受上，裸色较为平和；而金色具有成熟感、时髦感，会为搭配增彩。

如果鞋子磨脚怎么办

1. 在选购鞋子时，宁可买大半码的鞋子，也不要让自己穿小鞋。要知道，小一号的高跟鞋穿在脚上真的会变成刑具！

脚的尺码在一天当中是有轻微变化的。越到傍晚时分，脚的尺码会越大。所以很多专家都不建议女性在晚间试穿和选购高跟鞋。

2. 鞋子过大的补救措施："高跟鞋帮手"。

我将这些顺手又贴心的小东西称之为"高跟鞋帮手"——比如高跟鞋半垫，大多是透明胶质的，也有皮质的，将它们细心地贴在鞋内前部或后半部。如果垫一个不够，可以垫两个，直到双脚舒服满意为止。还有专门贴在鞋子后帮上的垫片，可以让过大的鞋子变得合脚。

3.穿袜子也是一个好办法。穿丝袜，或者一双时髦漂亮的踝袜。有了袜子的阻隔，会减轻鞋子对脚的折磨。穿丝袜时，原本合适的鞋子有可能会变得不太跟脚。这时候，再使用高跟鞋半垫就可以了。

Tapered Toe Pump

ANEL

NO.4 腰带
Belt

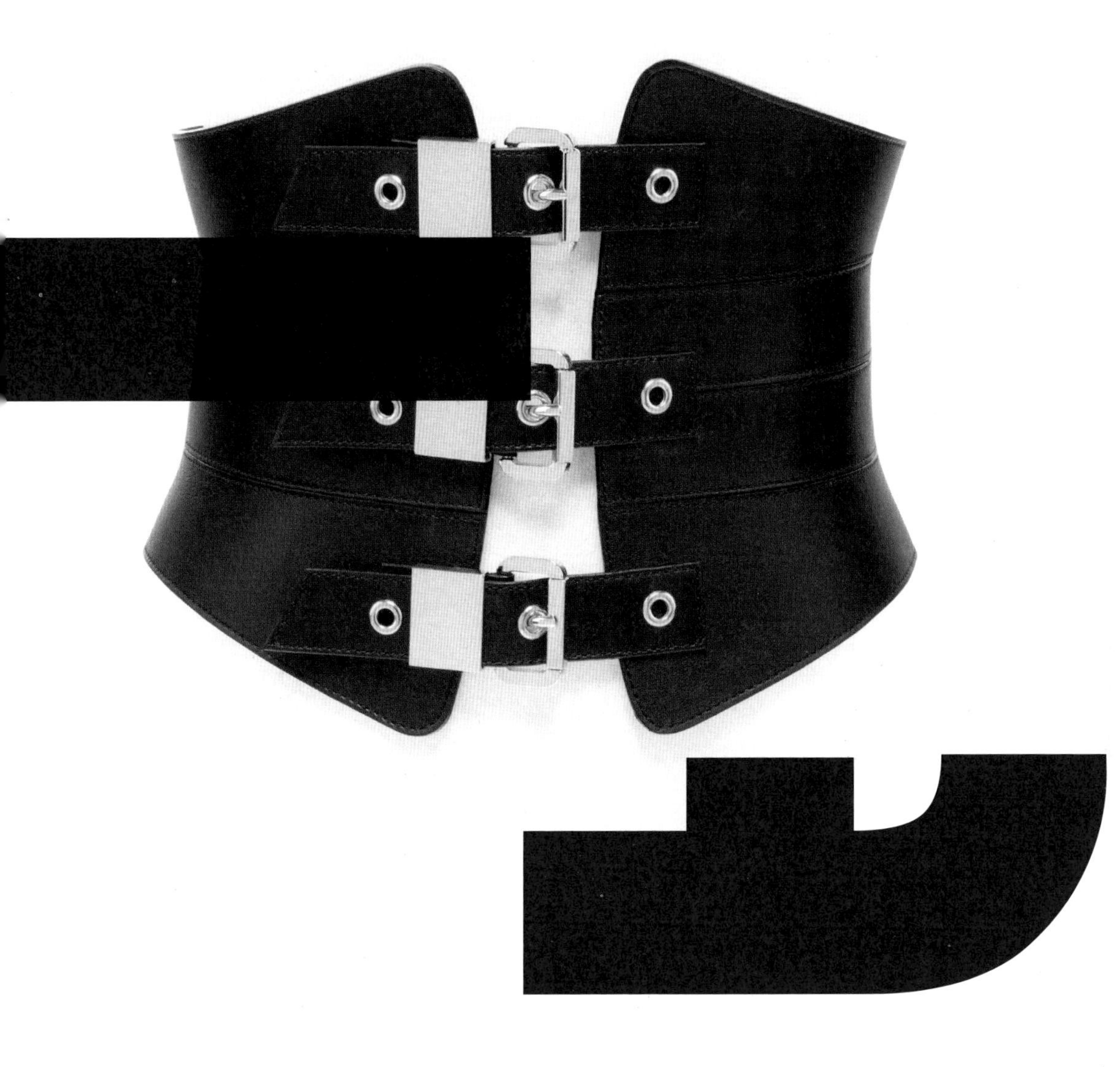

Belt

腰带

● **女性的腰肢是绝大多数男性认为最性感的部位之一。**

● **腰带是勾勒女性S曲线的重要道具。**

● **运用腰带，可以强调身材的黄金比例；在T台上，通过腰带和高跟鞋，可以将模特的身材打造出超过1：2的效果。**

记得是伊丽莎白·泰勒，慵懒地蜷腿斜靠在沙发上，手托着头，像早起未多久的样子，看着当日报纸上的美食推荐，身穿一件黑色高领套头衫，腿上是网眼丝袜，一条丝巾当作腰带被系在腰间。

这张照片给我留下了深刻的印象。它希望向我们传达一个什么样的概念呢？

这位世界上最美丽的少妇，即使清晨起

床、在翻看报纸上的点心广告时，也是这样的颠倒众生！

最美的女人应该像美味的食物，时时保持着可口诱人的状态。这位有着紫罗兰眼眸的美人在家中只穿着最普通的黑色套头衫，搭配网眼丝袜，而我眼中，却只看到了那条作为腰带的丝巾！

平心而论，这位独占“世界上最美丽的女人”位置近60年的好莱坞第一夫人，身材并不完美，甚至略显丰腴 —— 那时“骨感”一词还没开始流行，身材也并不高挑，只有157厘米。尽管如此，当我仔细欣赏过“玉婆”各个时期的美艳图片后断言，这个聪明的女人非常了解自己，她对于自己外形的掌控，就像对她的珠宝首饰一样精明、准确，永不会失手 —— 泰勒善于用腰带武装自己。她会用腰带 —— 宽腰带、细腰带、各种腰带，将自己的身材勾勒得胸是胸、腰是腰，加上永远紧紧绷直的脚趾和高跟鞋，使她呈现在我们眼前的，永远是性感、窈窕、身材比例完美的“世间头号妖姬”形象。

聪明的女人如泰勒，永远自信地掌控自己在别人眼中的形象，不会忽略任何一个道具。

让我们来认真地说一说这款在生活中最为常见却历年都被时尚界所重用、最具功能性却经常被人们淡忘的配饰道具——腰带。

腰带带来气质的变化

腰带是一款功能型单品，一种魔法道具。它对于形象造型必不可少，可以让整体搭配达到绝佳的视觉效果，非常实用。

魔法案例一：

想象一下，一身最基本、最简单、最庄重的黑色造型：黑色衬衫、半裙，只需在配饰上更换几条不同的腰带，就会出现完全不一样的效果。

1. 纤细的金色腰带，非常适合具有品质感的商务女性，典雅、时尚。

2. 稍宽的豹纹金色腰带，衬衫扣子再解开一粒，性感意味便呼之欲出。

3. 带有金色装饰物的黑色腰带，简洁优雅，打造出非凡的女人味，高贵、精致。

4. 垂坠感金属腰链，带有闪亮装饰物，突出女性挥之不去的奢侈感和妖娆气质。

……

通过不同的搭配可以看出，不同风格的腰带可以帮助我们展现出完全不同的气质，全身的服装没有任何变化，变化的仅仅是一根小小的腰带。

Belt

腰带带来身材比例的变化

魔法案例二：

腰带会巧妙地改变我们的身材比例，聪明地选择合适的腰带可以拯救不太完美的身材，呈现出完美的曲线。伊丽莎白·泰勒就是一个很好的范例。

以一条黑色连衣裙为例。

1. 黑色连衣裙＋宽腰带/腰封，可以将身材勾勒出古典气质，突出女性身材曼妙的曲线。

2. 将腰带挂在胯部的休闲系法，带有洒脱感觉，会使身材比例产生微妙的变化。

3. 在腰线以上，系一条细细的红色腰带，与前面一例对比，我们会发现，下半身和上半身所呈现的比例完全不同

同样的服装，因为使用不同风格的腰带，所呈现出的身材比例和曲线感是完

Belt

全不一样的。这就是腰带的视觉魔术。聪明的你知道该如何选择了吧!

以不变应万变——一条腰带的不同用法

魔法案例三:

腰带是一个百变女郎。即使是同一款腰带，搭配不同衣服，也会出现不同效果。

以一条最简单的黑色金属扣的小皮带为例。

1. 在穿着裤装时，将腰带穿过所有裤袢，是腰带最中规中矩的用法。

2. 穿大大的男朋友衬衫，随意在腰间系一条细细的腰带，轻松地绾一个扣，这是时下最流行的搭配。

从上至下

1. 金色宽腰带与裸色曳地长裙勾勒出身材比例的惊人美感，也搭配出希腊女神般的古典效果。

2. 一条简单的黑色腰带起到分割与点缀效果。试想一下，同样的整身搭配，如果没有腰带，从视觉效果上会削弱很多。

3. 两条同款的细腰带并排错落搭配，既起到了勾边的效果，又显得巧妙另类、别出心裁，让简单的纯色搭配显得与众不同。

4. 一条细细的腰带像一条精致的线分割了大衣沉重的色彩和质地，显得利落、优雅。

5. 白色腰带搭配白色着装，金色饰扣与华丽的金色项链呼应，简约而气场强大，特别适合当代职场女性。

Prada 秀场上，模特以金色腰带分割出令人艳羡不已的黄金比例身材。

3. 在穿着优雅的连衣裙时，将腰带规规矩矩地系在腰间，腰带的金属扣与项链或戒指呼应，也会显得十分优雅。

4. 冬天的呢子大衣外面，用细腰带系出优美的廓形和腰线。

腰带是一条线。

线条感具有纤细、修长的美感特质，是我们做造型搭配时最不可忽视的因素。细数从头到脚的搭配中，能够成线的地方是很少的。腿部的线条、长项链都是以线性的美表现出来的，因此也常常是我们的搭配重点。

此外，还有腰带。

腰带以横向的线条按比例将身材分割为上下两部分，下半部分越修长，越符合人类所追求的美感。腰带的色彩可以与上下半身的色彩形成协调、呼应、过渡，像变魔术一样，变化出各种各样的感觉。

腰带通常分为细腰带（宽度小于 1 厘米）、常规功能款腰带（宽度在 2 厘米左右）和宽腰带（宽度为 4 厘米或更宽）。

关于细腰带的 5 个建议

1. 多备几条也无妨

在我看来，细腰带是改变身材比例的重要道具。可以根据自己衣橱中的服装，多备几条不同颜色的细腰带，方便搭配。

2. 最佳位置

系细腰带的最佳位置在腰线以上、下胸线以下，从视觉上提高了腰线的位置，是最凸显身材的系法。这种分割从视觉上拉长了下半身的比例，使双腿显得修长，身材显得高挑纤细。

3. 用颜色做游戏

我鼓励大家拥有各种颜色的细腰带。在我们都熟知的搭配法则中，全身的颜色最好不超过三种。因此，在我们的一身行头里，没有多少东西能够让我们真正享受色彩——唯有细腰带。在符合人类美感的范畴内，我们可以将腰带的色彩与服装的色彩进行随心所欲的混搭，撞色、融合、渐变……玩出各种花样，随你。

亮色细腰带在穿搭暗色、纯色的服装时，最出效果，会让一身的沉闷有所突破。

黑白款细腰带在穿搭黑色或白色衣服时，是产生呼应感的好办法。

4. 最佳搭配

高腰裤和高腰裙是细腰带的绝好搭配伙伴。让腰带颜色与裤装或裙装颜色呼应或形成反差，这种搭配非常复古优雅，具有女人味。

5. 镶边法

我非常喜欢达利的画作。这位长相古怪的西班牙画家有着天马行空的想象力，他也十分擅长用对比的色彩为所画的对象勾勒边框，使画面精致、富于装饰性。细腰带其实也具备同样的功能。一条黑色高腰裤，

黑色腰带为整身的黑白搭配做了分割，也起到了镶边和勾勒的作用，魔术般拉长了下半身的比例。

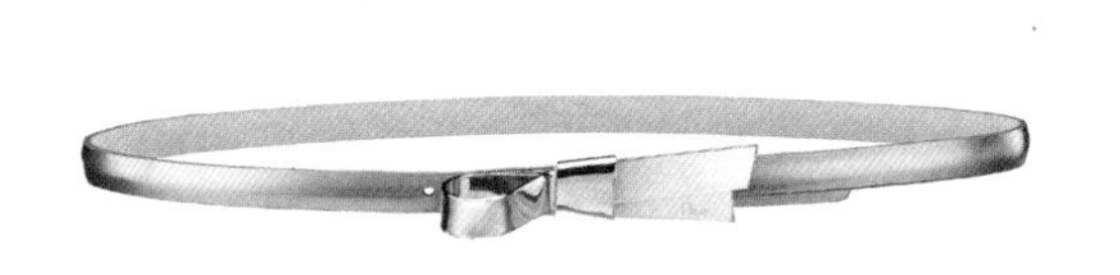

白衬衫，在裤边下一厘米的位置系一条细细的白色腰带，一下子给这身搭配加了一个精致的镶边，勾勒出女性的典雅。

选择最简洁的常规功能款腰带

我不太赞成有些人在穿裤装时，为了出位，选择那种带有铆钉、艳色以及各种装饰物的腰带。这种做法会让人们将所有目光都集中到腰部，尤其是在中低腰位置系这样一条腰带时，会将人们的视觉焦点向下移，这种不太提气的搭配，通常都不会为我们加分。

在使用腰带最基本的功能时，只使用它的功能性就可以了。

选择色彩最平和的腰带，比如与裤装颜色深浅度相同或者色相相同的腰带，使腰带与裤装完全融合，成为下装的一部分，是最佳、最简洁、最精致的选择。

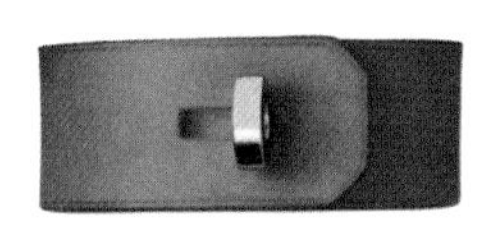

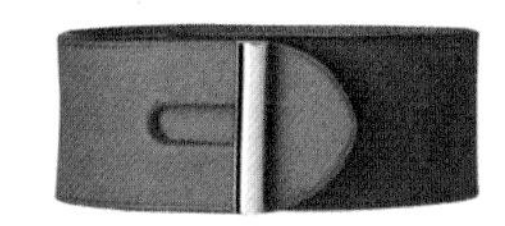

Belt

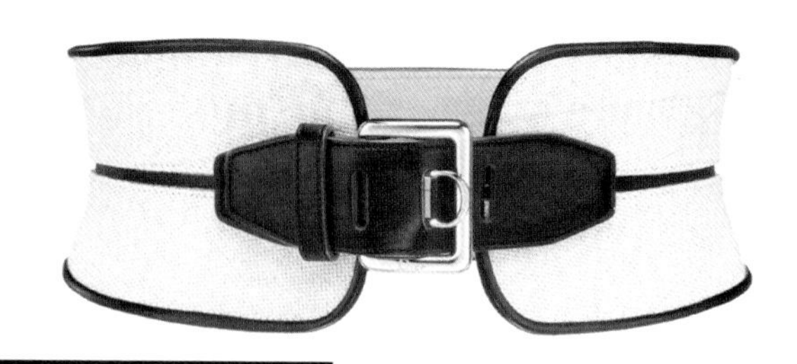

宽腰带：用得好是毒药；用不好……也是毒药

不要蹲在地上走路！

记得很多年前，十分流行将一条超宽的腰带挂在胯上的系法。人们希望用这种方式表达自己的不羁和牛仔情结。这种宽腰带的系法的确很有狂野的风范，但也仅限于牛仔风格的装扮。当我看到很多女性穿着一条凸显身材曲线的连身裙，也将腰带挂在胯上时，我就会几近崩溃！这条松松垮垮的腰带让人看上去好像蹲在地上走路一样！

如果希望将宽腰带变成一件功能型单品，让腰部显得纤细，曲线轮廓更美好，宽腰带一定要用在腰线以上的位置，而非挂在胯上——除非你在扮牛仔。

宽腰带要松紧适宜

在选购宽腰带时，要选择那种可以很好地收缩腰部曲线的款式。

不要选择太紧的宽腰带。并非越紧就会越显得腰细！有时会适得其反。勒得太紧的腰带会暴露出两侧的赘肉，不仅显胖，而且显得不够优美。

关于色彩和材质的 Yes & No

Yes! 身材完美的女性可以选择色彩鲜艳的宽腰带，和鞋子相搭配，会有很好的效果。

No! 对自己身材不够自信的女性，千万不要选择亮色宽腰带。

Yes! 尽量选择收缩色系，即深于服装色彩一度以上的颜色。比如，一件天蓝色的连衣裙，可以选择搭配一条海蓝色的腰带，深一度的腰带颜色在视觉上具有收缩效果，会使腰肢显得更为纤细。

No！尽量不选择漆皮、亮面的宽腰带，这种材质会增加膨胀感。

Yes！吸光材质、厚实硬挺的腰带，是最好的选择。

1 用金属腰带勾勒出腰线，可以打破一身黑色的沉闷，腰带的材质与配饰材质相呼应，既和谐，又能凸显女强人的凌厉和不羁气质。

用好极简款

一款简单的黑色松紧质地的宽腰带，可以搭配各种服装，塑造出不同的效果。

黑色瘦腿牛仔裤搭配黑色衬衫是一套不错的穿衣方案，然而，当你再加上一条黑色宽腰带时，你会发现，整体造型会变得更加重点突出，身材曲线完全被勾勒出来，整体轮廓有了重点。

有时候，当我们穿着一身黑时，会感到整体感有余，但是重点不足。腰带的位置，正好位于人体黄金分割比例 3 ∶ 5 的位置上，在黄金分割点上增加收缩的视觉效果，并在材质上与服装相呼应，即便是一样的黑色，也会瞬间变得很有型。

20 世纪 50 年代复古诀窍：收腰

你看，好莱坞黄金年代的女明星们，无论是奥黛丽·赫本、玛丽莲·梦露，还是“玉婆”泰勒，都有一个被紧紧勾勒出的小蛮腰，再搭配 20 世纪 50 年代风格的华丽散摆中裙，立刻便有了迪士尼卡通造型中经典公主的感觉。宽腰带就能起到这种作用。复古优雅的风格，最重要的一点就是收腰，也就是将曲线有节制地显现出来。

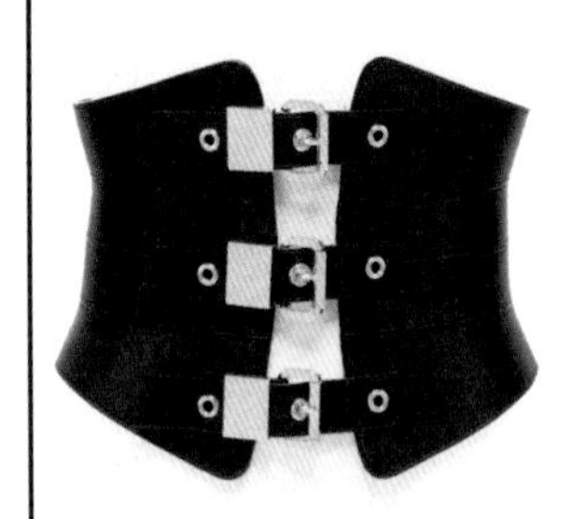

将 60 分包装成 100 分——腰封

腰封缘自欧洲的塑身衣。

欧洲传统腰封是用鲸骨制成，具有柔韧度，可以跟随身体弯曲而不会伤害到身体。

今天的腰封以其他材质代替鲸骨，但作用依然相同——收腰、收腹、提胸，并仍然保留着以前腰封的结构和细节，诸如抽带、挂钩、拉链等小机关，以增加腰封塑型的功能。

我非常喜欢腰封。

腰封的用法与宽腰带异曲同工，但更加夸张、凸显个性，是一款很帅的有型单品。使用好腰封，可以让腰臀曲线显得更加美好，将 60 分、70 分的身材，包装成 90 分、100 分。这是腰封最大的作用。

1. 厚实的面料更利于造型。

我有一件呢子质地的带拉链腰封，非常百搭，可以搭配衬衫穿在外面，也可以穿在外套里面当抹胸，都非常有型。

腰封并非出土文物，而是当代设计师极爱的万用单品。无论你想达到什么效果，性感、凌厉、淑女、活泼，腰封都能完美胜任。

2. 有的腰封带有罩杯，属于服装类。

这类腰封的穿着方法类似于小吊带。

3. 不带罩杯的腰封，穿戴方法与宽腰带基本相同。

比如：衬衫＋腰封＋散开或收紧的裙或裤。当穿着腰封时，上半身被塑造成完美的形状，下半身可收可放，都是非常适合的。腰封所塑造的上半身廓形感，完全不同于穿一件紧身打底衫的效果，腰封会塑造出叠加感和层次感，显得精致、有轮廓感。

1 腰封与腰带叠加，即使一个温柔飘逸的女郎也立刻显得气场强大，不是吗?

突破常规

如果想要让自己的装扮有创意，更加吸引人，就需要用新的方法做搭配。

腰带之间也可以互相搭配。

1. 腰封＋细腰带。加强重点勾勒。

2. 宽腰带＋细腰带。细腰带要和上衣有所呼应。

3. 两条甚至三条细腰带缠绕着系在一起。

4. 三条渐变色的细腰带整齐地系在一起，变成一条宽腰带，与衣服形成呼应。

用一条丝巾编结成玫瑰，系在腰间。因为这条与众不同的腰带，我相信不会有人与你撞衫呢！

5. 一身黑白，四条细腰带，两白两黑，错综搭配，可以制造有趣的效果。

腰链

腰链的装饰性

腰链是一款非常优雅的单品。

虽然腰链的宽窄类似于细腰带，但两者的作用迥异。腰链是一款不折不扣的装饰单品。腰链的造型、质地、垂感导致佩戴它时不可能将腰线上移。腰链最重要的作用在于装饰感，这是与注重呈现身材比例的细腰带完全不同的地方。

正因为不同配饰的特性各异，我们在选择配饰时，一定要针对自己的需要进行取舍。如果觉得今天穿得不够提气，想使身材显得更好而选择系一条腰链，就是完全失败的选择。

可以替代腰链的配饰

长项链可以作为腰链使用。

丝巾也可以作为腰链使用，形成色彩的呼应和比例分割，也是非常有趣的搭配方法。比如，黑色 T 恤，白裤子，中间缺少过渡，怎么办呢？可以选择一条黑色和白色夹杂一些其他颜色的小方巾，斜斜地系在腰间，既有呼应感，又有搭配感，同时还将上下身着装完美过渡。除了小方巾，大方巾和长丝巾都是可以作为腰链佩戴的。

Belt

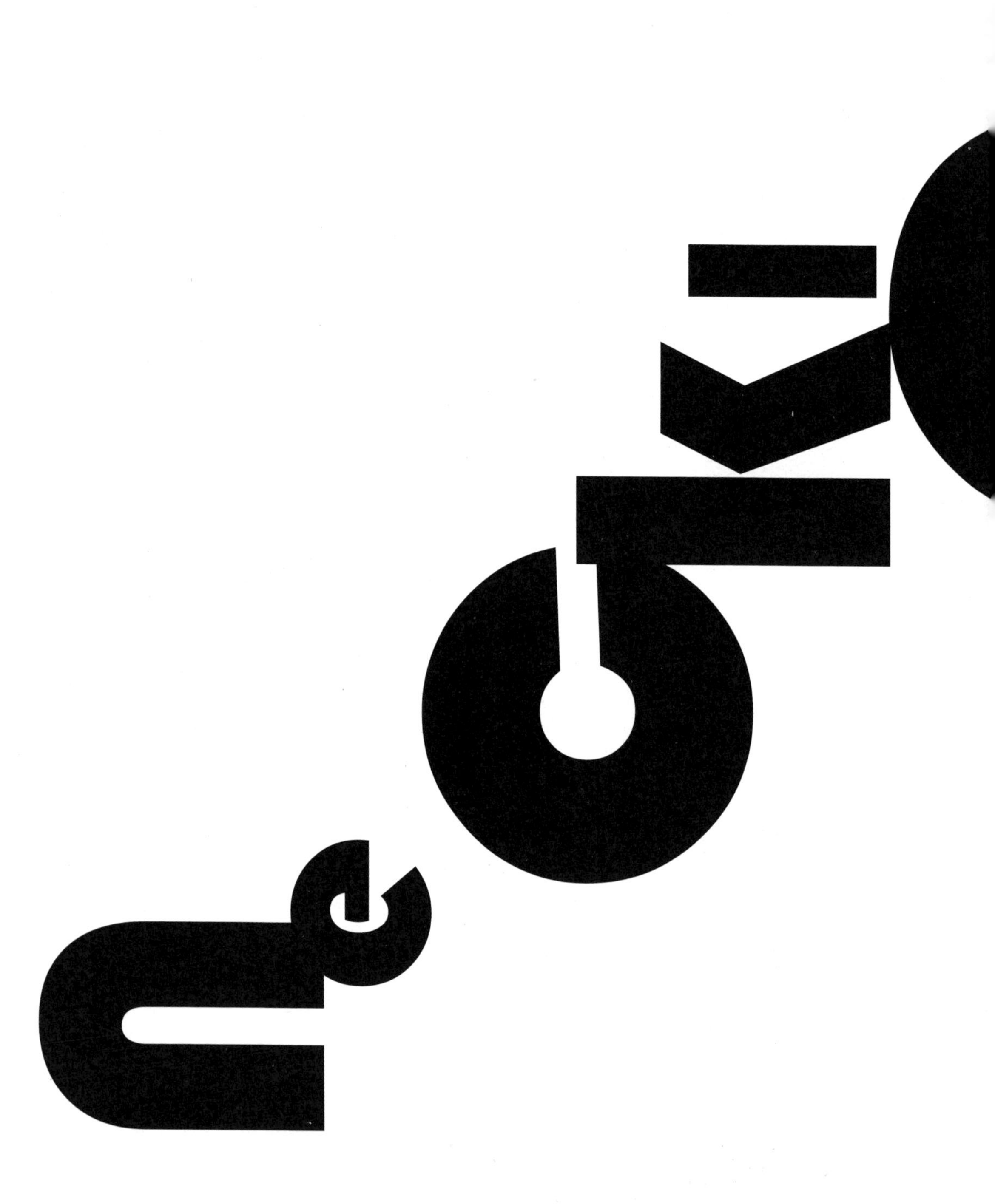

NO.5 项链
Necklcace

Necklace

项链

● 项链是打造第一视觉三角区的重要道具。

● 项链的材质是不拘一格的，金属链、珠串、皮绳、编织、羽毛……随你喜欢。原始人就已经开始制造并佩戴项链了，他们将一块骨头或一颗牙齿用动物皮或树皮穿起来挂在脖子上！

● 记住，项链并不是财富的象征，只是扮美的手段而已！

娇小的妮可·里奇非常善于用配饰武装自己。在这张街头照中，妮可身穿简单的露肩衬衫和牛仔裤，却用洛丽塔式的太阳镜和叠搭的多重项链打破庸常，衬托着她健康的小麦色肌肤，令人驻足回眸。

蕾哈娜用厚重的金色项链装饰她质感十足的牛仔连身衣裤，俏皮的小黑帽的金色饰边与项链呼应，像一个慵懒不羁的公主。

在这张街拍中，这位热爱色彩的姑娘，聪明地选择了一件简约华丽的金色项链，来搭配她多姿多彩的上装。金色可以衬托所有颜色，却仍会在诸多颜色中取胜。

Necklace

很多年以前，我还在上大学的时候，有一天我回到家里，打开电视，看到正在播放艾薇儿·拉维尼（Avril Lavigne）出道专辑的 MV，给我留下了十分深刻的印象——

屏幕上的艾薇儿穿着简洁的白色 T 恤，普通牛仔裤，却戴着很多条项链，银质的，光闪闪的，层层叠叠地叠加在一起，小小的身体散发着无比巨大的能量，看似简单，但仔细观察，却充满细节。

从那时候起，我就爱上了这种叠加的项链戴法。

我一直认为，选择配饰和每个人天生的气质有关。有些人安安静静，天生适合风轻云淡的配饰类型，一颗钻、一粒珍珠，小而精致；有些人则适合超豪华阵容的大项链。我个人比较偏爱后者——有气场，够强大，即使一件非常简单的衣服，通过豪华阵容的配饰，也可以穿搭出不一样的、完全属于自己的风格。

Alexander Mcqeen 金属 + 珍珠颈饰

我爱项链

如果你打开我的首饰柜，会发现占据眼球的全都是项链、项链、项链、项链、项链、项链……项链的比重占据了我全部饰品的70%，剩下的10%是手镯，10%是胸针，10%是戒指。

在年少时，我曾经十分痴迷耳环，并为此打了很多耳洞！现在，我则更加偏爱项链。

我认为，较之耳环，项链的搭配更需要花费心思设计，项链与所穿搭的衣物更有互动，对整身造型也更有帮助。而且，我更偏爱项链的搭配风格和戏剧性。

我每天花在佩戴项链上的时间和我选衣服的时间一样长。佩戴和搭配项链，就如同创作一幅画。你需要不时眯起眼睛，察看整体效果如何。我十分享受这个过程，乐在其中。

搭配项链对于我来说，是一种再创作。我将不同的首饰搭配叠加在一起，混合出特有的、全新的风格，并且不必担心其他人会与我撞车。通过项链这种道具，我用一种更加醒目的、更加有自我风格的方式，设计自己的第一视觉三角区形象。

项链的叠加与混搭

近些年，越来越夸张的配饰设计占据了时尚的舞台。无论是何种材质，金属、珠宝、自然材质……设计师在设计项链时，无一例外地选择了特大型（oversize）的尺码。

极其抢眼的外观，充满奇思妙想的结构，为我们的着装带来意想不到的点睛效果。低调简洁的服装可以搭配具有造型感和存在感的项链，大面积和层叠交错佩戴的项链绝对拥有足够的存在感，夺人眼球。

我喜欢的配饰，都是有着二次创作空间的。无论是胸针、丝巾、项链，还是手镯，我喜欢一加一大于二的效果。用这些再创作的配饰搭配一件最简单的衣服，比如，一件式连衣裙、白衬衫、牛仔衬衫、白T恤，都是非常出彩的。

大多数现代职业女性应该都和我一样，不希望自己打扮得像橱窗模特一般珠光宝气、琳琅满目，但仍然希望自己拥有搭配上的亮点。**在身体的某个局部，将配饰无限叠加，就是拥有亮点的最佳方法。**叠加是一种需要技巧和考验搭配功力的艺术。

Necklace

混搭

我曾经将各种项链混搭在一起。大牌和地摊货、香奈儿的古董项链和羽毛，珍珠和粗犷的银，你会从中发现很多乐趣。

珍珠 + 粗犷的银

以时间层层包裹形成的珍珠是完美、圆润、无懈可击的代表，银则具有粗犷的特质，风格截然相反的两者混搭在一起，可以制造经典的效果，这就类似于“美女与野兽”，一直都是最经典的混搭方式。

金色的古董项链 + 个性、简约感的金属项链

古董项链的华丽、繁复、雕塑感搭配现代简约的细链，同样是以相反特质对比出奇异美感。正如女人从不放弃的两种面孔：一种不可被忽视的高雅，一种永远超前的时髦。

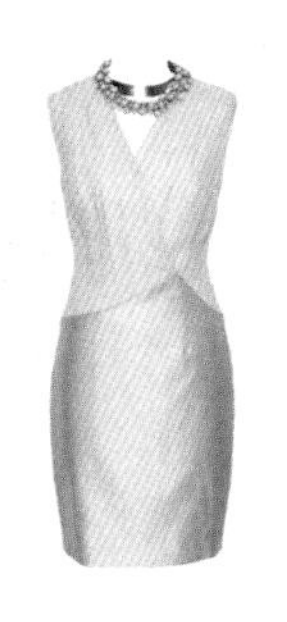

同种材质、不同色泽的金色金属项链混搭在一起

金色项链带有 20 世纪 80 年代的摇滚风范，充满了张扬和绚烂的时髦气质。夸张的金属项链可以迅速提升整体气势；不同金色的混合，突出了大面积相连的层次感。

叠加时的层次感，一定是长、短、长、短的叠加

比如，在一款搭配中，有颈链，有几条中等长度的项链，还有一条或两条长项链。哪怕你穿的只是一件白 T 恤，或黑色吊带，这种豪华的配饰组合也会一下子让视觉重点跳脱出来。

复古金色项链 + 色彩鲜艳的羽毛项链

最具金属质感的金色，与最轻盈的鸟类羽毛，对比出材质的反差；金色与彩色，是色彩的魔术，具有强烈的装饰风格。

金色、银色尽量不要混搭在一起

金色材质项链与银色材质项链尽量不要混搭，同理，金色项链也不适宜搭配一对银色的耳环，看上去会十分奇怪。当全身的配饰主材

Necklace

质为金色时，其他配饰也应采用相同的色泽，以保持色调的一致。

其他混搭方法

1. 宽领带和假领子也是近年十分流行的配饰。

宽领带具有夸张的中性风，适合气质独特的女孩，十分帅气。假领子的佩戴方法与项链类似，十分女性化，两者都可以单独佩戴，或与项链叠搭。

2. 多彩的串珠项链适合打造波西米亚风格，圆润的大串珠搭配精致的小串珠，以丰富的色彩取胜，充满了活泼奔放的吉卜赛情调。

3. 项链可以与胸针混搭在一起，重点突出，制造一种浮雕效果。

4. 项链与衬衫搭配时，将衬衫扣子全部扣起，将较短的闪亮项链戴在衬衫领子之下，并且可以叠加佩戴多条，配合胸针，造成一种铺排的华丽感。

颈部的保养

佩戴项链必然会凸显我们颈部和锁骨的线条。

满是颈纹的脖颈是不会为精致的面部妆容加分的，不但如此，还会透露出你年龄的秘密。

与面部相比，颈部肌肤其实更薄、更娇嫩，很容易松弛和出现皱纹。一旦出现老化问题，恢复就是一项巨大的工程。

我们的脖颈内部还有淋巴系统，坏情绪和不健康的生活习惯很容易让淋巴排毒不畅，造成颈部变粗、肌肤松弛。

举手之劳对抗颈部的岁月“年轮”，你也可以做到——

1. 每天早晚涂完面部保养品后，使用少量保养品用双手为颈部肌肤做按摩。

2. 保持良好正确的坐姿。

3. 口服胶原蛋白。

4. 穿尺码合适的内衣，不穿内衣会造成颈部和胸部肌肤下垂。

5. 时刻做好颈部肌肤防晒。

6. 睡好、减压、心情好、饮食健康，保持淋巴系统循环通畅。

Necklace

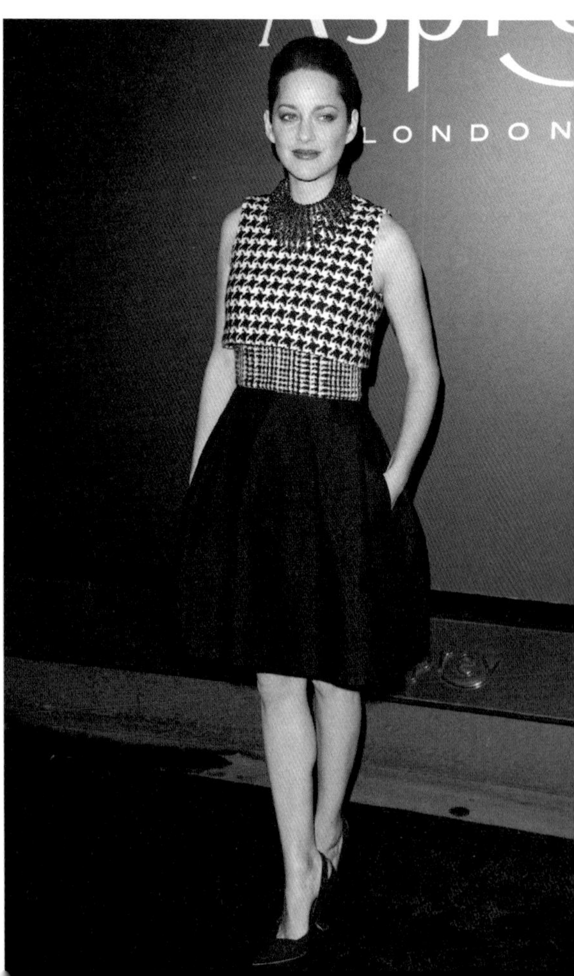

DKNY
KARAN-NEW-YORK-1991

心情闺蜜

有什么能比男人更呵护你？

当然是那些永恒的不离不弃的闺蜜。

好的闺蜜能像内衣一般沉默地贴近你、抚慰你，无须言语就能懂你的心思；

能如手挽包一般，傍在你的手臂间，装满你的整个情绪和世界；

可以似长项链一般，围绕你的脖颈、腰线或长发，无怨无悔地衬托你的闪耀；

或者像平底芭蕾鞋一样，当你希望像小鹿般轻盈跳跃时，给你支持，令你美好；

最后，如香水般，散发默默余韵，华贵、高尚、多变而体贴……

喔 —— 美好的闺蜜就是这样的！

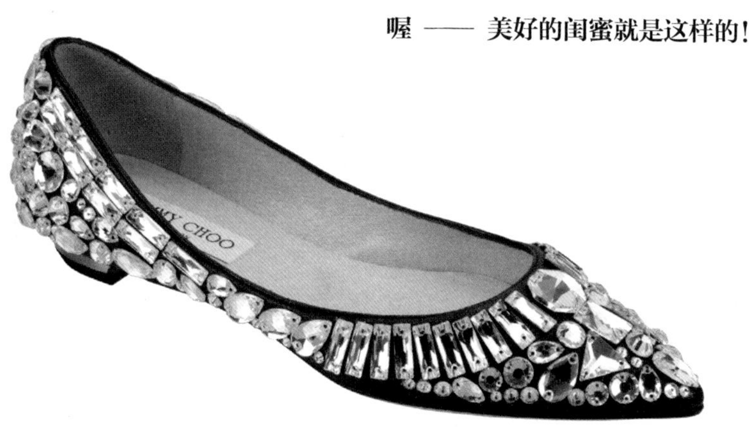

Guerlain
La petite
Robe noire
内衣
手挽包
长项链
芭蕾鞋
香水

NO.6
内衣
Underwear

Underwear

内衣

● 内衣是私密的闺蜜类单品。

● 走进国外的内衣店，通常都会有店员非常周到地询问：“是穿给自己？还是穿给先生看？”

● 杜邦公司美国研究室于1959年研制出一种新型纤维织物——“K纤维”，后来改名为“莱卡”（Lycra）。莱卡从20世纪60年代开始引发了内衣业的革命。

● 维维安·韦斯特伍德（Vivienne Westwood）和让·保罗·高缇耶（Jean Paul Gaultier）是“内衣外穿”风潮的中坚分子，他们将女性内衣变成极具挑逗性的外衣的一部分。蒂埃里·穆勒（Thierry Mugler）、阿瑟丁·阿拉亚（Azzedine Alaia）、贾尼·范思哲（Gianni Versace）也都为之推波助澜。

● 大多数男性认为，穿内衣的女性要比不穿内衣的女性更性感。

● 永不购买索然无味的内衣。

世界上有许多占卜术，或者内衣也可以用来占卜女人的内心：

一个内心安静的女人，内衣多是雪白的，舒适，点缀着不可抗拒的蕾丝；

恋爱的时候，内衣浪漫的粉色，温柔、含情脉脉，那是送给爱人的浪漫；

穿着黑色内衣的女人，拥有更强大的内心……

梅菲斯特的诱惑

内衣真的可以很容易地改变一个女人。内衣、Lingerie、underwear、undercover 或其他什么名称也好，它是一种真正的诱惑。如果可以，没有谁比内衣更适合扮演《浮士德》中的梅菲斯特：强调欲望、享乐、自我感受，时刻诱惑着你。

女性的内衣具有牛奶般的柔软触感和比武器更强大的攻击力，时而扮演着天使，时而扮演着魔鬼——女人，永远拥有双重面孔。

内衣可以令女人自信地展现身体之美。这种美，与任何大自然的精华一样，是独一无二的，充满原始魅惑的、不可复制的，是上天的恩赐。

Underwear

还有什么比蕾丝更能表达女人的心情呢?

精致的蕾丝，恰到好处的弧线，记录了一个女人青春年华的梦幻与美丽；不可捉摸的色彩，如同每一个多情狂热的夏天，每一分钟，都更摩登、更性感、更具体而个性——蕾丝可以淋漓尽致地表达出女人内心的全部情愫。

蕾丝内衣就像女人的爱情轨迹：曲折、朦胧、神秘、疯狂、欲说还休。一个女人变换内衣颜色和造型的过程，就是释放或者表达自己情感的历程。

女人之于内衣的情怀，本质上是一种隐秘的快乐。

肌肤与细密的花纹织物贴合，是只有生为女人才能够体会的娇宠和喜悦。

如果我们的内衣抽屉是日记簿

如果提问：从头到脚的时尚焦点是哪里?你会怎样回答?

最醒目、最出挑的女性，在整体造型感之外，首先注重的，是让身形表现得更完美的内衣，其次才是服装。

从女人的内衣可以瞥见她的内心。将丝巾随意一挽，作为内衣外穿，是欧洲女性优雅而惬意的保留装束。

当女人学会了选择内衣，才学会了真正的生活。

在乎内衣的品牌、品位和设计，是一个美丽女子应该具备的精致。

对于女人，内衣就像初恋一样：含蓄、内向、合理而真实——内衣是真实的自己。女人会成群结伴地约了恋人、朋友去挑选应季的外衣，却绝不应该成群地冲到内衣店。她挑选内衣的时候，应该是耐心地、幸福地、欣喜地，精心挑选。

那个装着我们内衣的大抽屉，就像是自己私密的日记簿一样。打开它，可以清晰地回忆起每一件内衣所带来的往事：一段恋情、一种成长、彼时的心情……从第一件波点内衣或小格纹内衣开始，女孩就开始变成女人。

"内衣很重要，它紧贴肌肤，必须性感、完美。"法国时尚内衣界的泰斗尚塔尔·托马斯（Chantal Thomas）这样描述内衣，这位集智慧和探索精神为一身的独特女性虽然总是以一身黑色着装露面，却袒露："我的内衣总是色彩缤纷的。"

Underwear

内衣是
离心最近的时装

内衣是贴合身体最近的服装。它紧密地贴着你，在离心脏最近的位置；我们想要表达的，内衣都知道。

当我们进入一段感情时，我们就是恋爱中的公主，一定会选择性感蕾丝；

锻炼、慢跑、健身时，运动内衣给我们强有力的力量感；

当我们到了一定年纪，叱咤风云，穿着权威套装，内心或许仍时常闪现出少女情怀，这体现在我们那件粉红色的内衣上……

让身体如何跟随自己的内心？内衣是自己给自己的暗示。

内衣不是随便穿的，要最好地表现个人的品位、追求。内衣与每个人的服装品位是一致的。通过内衣就能看出一个女人的为人、性格。

法国女郎最为珍视这一点——她们所穿的内衣上下必须是成套的——这是她们作为女人的小小执着。

一个女孩子可以只穿 T 恤衫、牛仔裤，但绝不应该“怠慢”内衣——内衣是给自己和最爱自己的人看的。

女人的内衣不是用来掩饰的

记住这一点：女人的内衣不是用来掩饰的。

我们的体型是上天赋予的。一份漂亮的礼物，需要漂亮的包装。对于女人而言，衣服就是我们漂亮的包装；而内衣，则是包装上那条漂亮的丝带。

丝带是精致的，内衣也应一样。

内衣是时装中所用面料最少、地位却最高的单品。这是因为内衣凸显我们美好的曲线，帮助我们以最好的效果穿上时装，呈现出完美的身姿。

一件好的内衣是用来感受、触摸、展示美感的，是女人对自己的宠爱。穿上一件漂亮内衣时的好心情，其他人是体会不到的。当你穿上一件漂亮的内衣，即使它只是穿在里面，你也能感受到自己迷人的魅力，不是吗？通过别人赞赏的目光，你会发现自己的美。

法国女郎深知性感内衣的奥妙所在，只要穿上漂亮的蕾丝内衣，哪怕只搭配白衬衫和牛仔裤，略微敞开胸口，也能得体地出席派对。

即使在多年之后，我仍记得我的老板苏芒给我留下的深刻印象。

苏芒的老公是法国人，所以她的衣着打扮通常会带有一些法式意味。在很多年以前，那时我还懵懂青涩，有一次和苏芒面对面聊天，当时她穿着一件深V，白色蕾丝花边的内衣若隐若现地显露出来，衬着她蜜色的肌肤，那惊鸿一瞥的惊艳多年之后仍旧生动鲜明。

Underwear

也正因如此，我的衣橱中便多了很多件白色蕾丝内衣。

也正是因为如此，一直以来，白色蕾丝内衣都是我最爱的那一款。

我深爱白色蕾丝内衣的性感，不过分。

当我穿着宽大的衬衫，低头看到美丽的白色蕾丝，心情立刻大好。

女人就是需要这些小细节来滋养、宠爱、呵护，通过这些小细节，我们变成了一个真正的女人。

选择最好的内衣

我们现在所穿的内衣，是由 18 世纪维多利亚时期欧洲宫廷的塑身衣演变而来的。那时的紧身胸衣是一件将女人的身体完全包裹、承托、束缚的衣服，为了呈现完美的曲线，丝毫不具备穿着的舒适感，甚至穿起来十分难受。有人说，那时的紧身胸衣将女性的身体束缚得就像是溢出来的牛奶，我看毫不夸张。

从 1920 年第一件现代意义的女性内衣问世以来，内衣时尚一直都是时装界最昂贵、最奢靡的一个分类。世界上顶级的内衣品牌，一件内衣的价格堪比高级定制的连衣裙。

内衣的设计涉及面料学、手工、人体工程学和物理学等等诸多领域，此外，内衣的设计也具有迷药的成分——它可以让最呆板无趣的女人也注入了生气，逼得她们释放出内心最深层的渴望。从这一点来说，内衣的魔咒远比高级成衣强烈得多。

正因如此，内衣值得人们花更多心思研究、设计，花不菲的价格购置，精心地放进衣橱抽屉里。

当我对内衣有了更深层次的理解之后，对于内衣的搭配就更加自信和游刃有余。当我尝试用内衣搭配透视礼服裙、礼帽时，女性之美开始呈现出更多层次的性感、神秘……

功能性和私密的美

大学毕业那年，我曾去一家著名的内衣企业面试内衣设计师职位。记得一位优雅的设计师面试我。她问："如果让你设计内衣，你想要设计什么样的内衣呢？"

当时我只有 21 岁，张口便不假思索地说："我想设计运动型内衣，蕾丝太复杂；运动内衣既有功能性，又非常实用。"

毫无疑问这是一场绝对失败的面试。当年的我在什么都不懂的情况下，在对美好的事物缺乏了解的前提下，自以为是的想法仍令我觉得惭愧。

这也说明，一个女人的一生，需要经过很多个阶段的修炼。当我们选择好了自己的内衣，是个人风格修炼到高级阶段的体现。

很多年后，我给国内知名的内衣品牌做内衣造型顾问。

通过内衣所塑造出的曲线感和为女性带来的良好感受，以及在穿上外衣之后，所表现出的美好状态和身姿，搭配出适合不同款内衣的时装造型。在那次合作中，我用内衣搭配长长的礼服裙，用内衣与礼帽、内衣与皮质风衣搭配出夸张的戏剧化效果……

内衣可以将你变成烈焰红唇，又能回归白雪公主。这都是内衣带来的魔法。

我认识一名设计师，毕业于英国圣马丁学院，具有极高的天赋。然而她后来忽然改行去做专门的塑身衣设计师。很多朋友都为她感到可惜：在全球最好的时尚学府学设计，而现在只做一名内衣设计师？

Underwear

她自己却不这样认为。当我看到她的设计之后，也深深感受到：只有聪明的女性内衣设计师才能够给予同性最贴身、最贴心的设计。

那些款式看起来像真正的盔甲。我

记住：即使不像T台模特一样内衣外穿，内衣与外衣的搭配也是要融为一体的。这是一种理念，一种生活品质，也是对自己身体的敬畏。

并不是每个女性都拥有模特般完美的身材。无论大码还是小码，属于自己的就是最好的。珍惜自己，A或D同样都能展现出完美！

相信，对于很多女人而言，这是非常重要的。这样的盔甲可以将我们不完美的身体修饰得如超模般完美，让我们逐渐老去的身姿重新找回如少女般窈窕可爱。

每一位上战场的士兵，一定不会拒绝盔甲 —— 缺少盔甲就意味着丧失生命。同样的，对于女人而言，没有塑身衣，就像是失去了盔甲，而丧失了很多美丽。从这个角度而言，内衣是女人的依赖，也是最好的朋友。

选择合适的内衣

内衣是性感的，又不仅仅是性感。内衣包含着诸多元素。在平日里，我们选择一件内衣最重要的标准，是要感觉舒适，感受自我的存在，获得安全感和自我满足。

1. 选择合适的罩杯和胸围，避免不雅的勒痕。

2. 当穿着紧身外衣时，避免搭配蕾丝内衣，以免在胸前透露出不雅的纹理。

3. 穿低露背装时，要选择不会露出内衣带的款式。

4. 对自己的身体自信。要相信 A、B、C 罩杯都一样是美的！不要试图通过内垫，将 A 罩杯变成 C 罩杯 —— 不会出现好的效果。

Underwear

5. 胸位并非越高越好。胸位最高点在肚脐和锁骨中间，即是人体的黄金比例位置。通过调节肩带控制胸位是很多人所忽略的。

6. 并非穿着吊带或单肩装时，不能露出内衣肩带。应根据场合而定，在相对轻松的场合，肩带甚至可以与衣服相搭配，无须苛求。

7. 一定要拥有几件美丽的蕾丝内衣：白色蕾丝款、黑色蕾丝款，以及根据自己喜好而定的其他颜色款。

8. 穿蕾丝胸衣的理由：

A. 让自己心情好！

B. 这是情人节最好的装扮！

C. 送给男友的生日礼物！

D. 穿低胸裙装或透视装时最默契的内搭：完美契合、透露性感！

内衣与透视装不只是可以让人喷鼻血，也可以搭配出雅致和专业感。

正确保养延长心爱内衣的寿命

1. 内衣是最贴近身体的衣物，首先要注意清洁。污垢不仅仅意味着不干净，更会影响面料的透气、吸湿及柔软性，从而对面料造成损坏。

2. 在购买时，如果有喜欢的内衣就多买几件，交替使用，每件内衣的寿命就可以长一些。高级或高价的产品有时只是美观而未必耐用，小心呵护才可以保持它的优点。

3. 防止内衣变形的秘诀：保持精致美丽的罩杯外形，不要用洗衣机来洗；要用冷水和性质温和的清洁剂手洗。

4. 用洗衣机洗时请使用护袋洗涤。

5. 避免与外衣共洗，造成交叉污染。

6. 应尽量减少使用密封胶袋来保存内衣，避免因长期封闭引起发霉。

7. 在收放内衣时，建议与其他衣物分开存放，不要忘记放入除湿剂和干燥剂。滴几滴香水或将用剩的香水瓶放入内衣抽屉中，可以让内衣保持淡淡的香味。

8. 樟脑会使内衣质料和橡筋失去弹力。

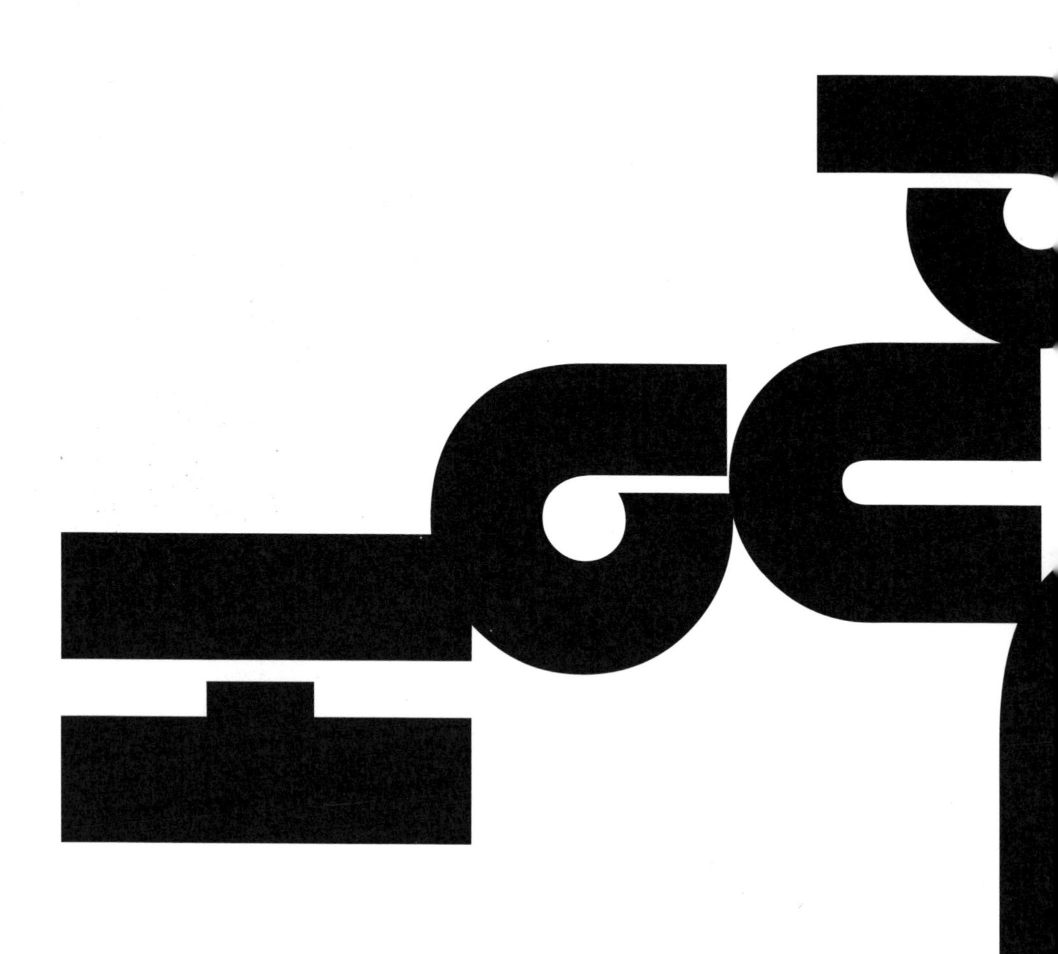

NO.7
手挽包
Handbag

Handbag

手挽
包

● 爱马仕资深工匠 Gandrille 说："手柄是整个包最艰难和关键的部分，如果手柄不完美，那么包就不会完美。"

● 凯莉（Kelly）包的尺码有28厘米、32厘米、35厘米、40厘米四种；柏金（Birkin）包的尺码有30厘米、35厘米、40厘米、45厘米四种。

● 据说维多利亚·贝克汉姆有超过800个爱马仕包包！OMG！

● 我很少购买遍布 Logo 的包包。我一直觉得那类包包是为别人的目光而拥有的，而不是为了自己的品位。

女人对家总是有着无尽的热情，对包包也是如此。这二者之间的情感，对我而言，是密不可分的。家是我们的庇护所，是引发我们幸福感的小小居所。包包也是。它们二者共同的联系是：都装载着太多属于私人的情感、秘密……

Prada 2013 秀场。大大的手挽包，从来都是女生钟爱的随身之物。它给予我们的不仅仅是包容，还有安全感、依赖感和淘宝的快乐。

亲爱的，你的包里装着你的家

我一直主张每个女人都要有自己的人生和生活。

正如英国作家弗吉尼亚·伍尔夫所说：女人要有一间自己的房子。

很小的时候，我就希望能够拥有一间自己的小房子，给自己以安全感，希望按照自己的愿望去打扮它，用自己喜欢的色彩装点它、设计它。

澳大利亚籍名模 Tallulah Morton 在秀场外。一身咖色皮裙装的 Tallulah 以黑色手挽包搭配自己的黑发和黑色纱质透视内衣和高跟鞋。迷人如她，相信我，她的包中和内心都存放着很多秘密！

年轻的时候，我很早就给自己买车。车子上放着我的十几双鞋，很多很多衣服。我的车就是一个移动的百宝箱，从车里瞬间什么都能变得出来。我的车带着我四处奔波，从城市的一端奔波到另一端，从一个城市来到另一个城市。无论怎样，晴天或是阴雨，愉快或者忧伤，这辆车都陪着我，就像一个移动的家。

这其实就是女人所追求的安全感。

一个合适的包包，对于一个女人，能够起到和家同样的作用。

曾经在韩剧里看到一个背着大包的女孩，走到哪儿都像背着百宝囊一样背着她的所有家当。年轻的时候我们都会这样吧！

伤心了，可以抱着自己的大包伤心地流泪。那个韩剧里的女孩，我看到她悲伤地坐在巴士里，怀抱着她的背囊默默地哭泣，这时候，这

Handbag

气质独特的贝缇娜·齐摩曼（Bettina Zimmermann）选择方方正正的黑色手挽包，搭配她迷离的黑发气质和长裤上的圆形光晕。

个包就是她的宠物、她的依赖。

每个女人都会把自己需要的东西装进包里。这个包，带给我们安全感、信任感，在外出时帮我们承载着所有最实用的东西，从心理上的安慰到生活工作用品，我们将太多的东西放进包中，因此，包包对于女人而言，意义巨大。

衣服是可以随时替换的。我们应该投资的是什么？

—— 一个好的包。

包包是女人所必须拥有的一件配饰。在这本书中，其他所有配饰，都是能够扮靓你、装点你，附属在你身上的。只有包包，若即若离，在我们身边，像家一样，承载我们的感情，装着我们的喜怒哀乐、吃穿用度，里面有太多只有自己才清楚的私密的东西、最真实的东西。对于女人来说，包包具有与众不同的意义。

Handbag

投资一个你挚爱的包包

因为每个人的性格不同，我们走出了完全不同的人生轨迹。

也正因为每个女人的性格不同，我们对包的选择也会完全不一样。

包包不仅显示出一个人的身份、品位，更多的是带给我们一种安全感和安定感。这种透过物质呈现出的更深层次的、精神上的本质，是我更为追求的。

我相信很多追求时尚、漂亮的女孩，会和我一样，在多年追求物质生活之后，都会回归到时尚的本质——真正的时尚是一种精神、一种力量。这种力量，绝不仅仅是花钱能够买得到的。

投资一个你挚爱的包，将你心爱的物品、秘密、心情放在里面。它会安静踏实地陪着你工作、生活、旅行，在这个纷繁复杂的社会里，为你提供支持，给你安全感。

包有很多种。

从内心真正接受自己是一个女人之后，我开始爱上了手挽包。

在我眼中，手挽包在所有包包款式中，最具优雅的典范。试想，无论背包、拎包、手抓包，从功能上说是不做性别区分的，不管是男人还是女人，都可以拥有。只有手挽包，是女性所专属的。不是吗？仅凭这一点，它已足够优雅了！

手挽包是特别具有女性独有的柔美气质的款式。女人拿着它的姿势非常优雅 —— 挎在臂弯，手轻轻上抬，露出佩戴着精良饰品的纤细手腕，以及修剪得体的美丽手指。这些细节，无不彰显着女性独有的味道。在 20 世纪，简·柏金（Jane Birkin）在与赛日·甘斯布（Serge Gainsbourg）热恋之时，手挽着一只草篮子，也是那么优雅。

我对于手挽包情有独钟。**优雅而不咄咄逼人、高不可攀，一切都是从平常、实用中演绎出来的，这是更高级别的高贵。**

比如经典的爱马仕 Kelly 包。我们只需回顾格蕾丝王妃优雅的形象，就会发现这款包是和王妃相得益彰的。手挽包将女人从内而外散发出的优雅气质，定格为经典。

格蕾丝·凯莉 (Grace Kelly) 和她的经典手挽包

1957年，身怀六甲的格雷丝·凯莉（Grace Kelly）为躲避媒体镜头，以自己的爱马仕手袋遮掩微凸的腹部，这款手挽包从此得名“凯莉包”，成为时尚历史中的经典。

这个被媒体称为“火与冰的结合体，既美艳又冷漠”的好莱坞美女，在26岁的春天宣布息影，身穿一袭由98码薄纱、25码丝绸、300码花边做成的长裙，披着缀有成千上万颗鱼卵形珍珠的面纱嫁给摩纳哥王子雷尼埃三世，成为一名不折不扣的王妃。

在此之前，她是希区柯克最钟爱的金发女郎；与她合作的所有男明星，那个时代的白马王子们，无不拜倒在她的石榴裙下；她享受着他们爱情的滋养，又选择了最好的归宿；她生前的美轮美奂被人们称为“童话和现实是可以合二为一的”典范；在她成为王妃后，曾预言到自己的死，“我将死于摩纳哥的街道上”—— 事实也的确如此。1982年，她在盛年因车祸去世，仅53岁。

后人曾称赞格蕾丝的美，精确地诠释了她的名字———优雅。时尚设计师说：“格蕾丝的每个细节都是一幅完美的图画，她生来就是要做王妃的。”早在好莱坞时期，格蕾丝就钟爱爱马仕，举世闻名的凯莉包，事实上诞生于1935年，那时格蕾丝年仅6岁。当27岁的王妃用心爱的爱马仕包遮住自己的腹部之后，爱马仕经摩纳哥王室的许可，正式将其改名为凯莉包。

精致又不过分，高贵而非奢华，吸引人而绝非咄咄逼人——这是凯莉包之所以经典存世的独特气质，这也恰恰是格蕾丝一生留给我们的经典形象。

Handbag

手挽包的分类

我看到过太多欧洲的老太太们，一个手挽包就可以将她们怡然自得的优雅气质点缀得淋漓尽致。

然而想象一下，如果将手挽包换成一个斜挎包……显然就会变得不是那么回事！

换成一个单肩背包？可以，但是差点意思。

换成一个手抓包？不是吧！欧洲人不会犯这样的错误：在白天拿一个手抓包？No！

一个手挽包对于一位优雅的女士来说，实在是再合适不过的。无论包的尺码大小，在这幅画面中都是不可替代的经典道具。

拥有一个有品质感的包是至关重要的，尤其是手挽包——上乘的皮质，简洁的设计，多元的风格，能够搭配不同款式的衣服。

大的手挽包

爱马仕（Hermès）、普拉达（Prada）、华伦天奴（Valentino）……几乎所有奢侈品牌都推出过经典的手挽包款式。这些经典的手挽包每一款都具有各自品牌的独特个性。

爱马仕的凯莉包和柏金包是大手挽包的经典代表——方方正正的设计，前面带有翻盖，打开时固然会有一点点烦琐，然而，对于典型的法国式的优雅来说，这又算得了什么呢？没有人会在意你为优雅花费多少时间！

Handbag

普拉达手挽包也是非常经典的——最简单的直线条构成，表面没有任何装饰，只有一个小小的金属普拉达标识。这是大品牌少即多（Less is More）最经典的设计代表。

Hermès 经典 Birkin 包

迪奥的女士迪奥（Lady Dior）也是女士们最喜欢的经典手挽包之一。菱格纹缝制得极其精细，显示出高科技气派，方方正正的造型，加上浪漫的金属坠饰，具有非常经典的法式优雅气质。

增加了一些现代感和时髦感的芬迪（Fendi）侦探包，造型圆润随意，方便拿取东西，小小的机关，是专门为女性的细腻和感性而设计的。

Prada 经典款手挽包

宝缇嘉（Bottega Veneta）包也具有自己独特的设计亮点，非常时髦流行，它交叉经纬编制的手工感，完全没有棱角，完全圆润，可以随意放置、随意拿取东西，自由适意。

这些都是手挽包中的经典代表，完全可以根据自己的身份和喜好，以及每天不同风格的穿着来选择搭配。

小手挽包

去参加Party时，小手挽包会显得非常实用。

小手挽包功能性非常强，里面装载着女人随时需要用到的道具：化妆品、手机、信用卡、首饰、小秘密……因此，它的设计需要精致、耐用。

小手挽包的另一个使用方法，是将其放在大包中携带。我经常将随身携带的重要物品放在小手挽包中，再将小包放在大包里。每天我们都有可能遇到不同的应酬、不同的场合，这种做法可以让我们在各种情况下适时变通。不方便拎大包时，可以精简地拿着小手挽包，

Lady Dior 天蓝色牛皮手袋

Fendi 侦探包

Bottega Veneta 经典手袋

非常方便。时刻让自己做到游刃有余，是聪明女人的处事方法。

搭配方案

包与鞋子相呼应

手挽包没有搭配禁忌。

想让自己一身的搭配更加经典，以包和鞋子做呼应，是一个很重要的方法，包括颜色呼应、风格呼应、材质呼应。

Vanessa Bruno 银色手挽包呼应银白复古双色鞋，与灰色大外套、白色衬衫裙和谐统一。

包与配饰相呼应

此外，我们还可以更加灵动地让包包和配饰形成呼应。比如，包包的颜色和珠宝配饰的颜色相呼应。包包和丝巾的图案、风格或色彩形成呼应。包包还可以和腰带相呼应 —— 也是一个很好的搭配技巧。

以丝巾作为包包的装饰

在欧洲，我会看到一些女孩在柏金包或凯莉包上缠着小丝巾做装饰，也是很美好的。将丝巾作为创意的装点，在本书关于丝巾的章节中有详细讲述。

Paul & Joe 秀场上，模特手中包包的纹理和柔软质感与丝质衬衫、长裤形成呼应。看似不经意的搭配，其实浸透着设计师灵动缜密的心思。

我推荐的要点

我自己的包分成两类。

一类是黑色，最百搭的款，这一类会稍稍有一点设计感，比如 Miu Miu，超级实用，很大，能装东西；

Miu Miu2013 年秋冬秀场上，模特手中的包带与黑色腰带完美呼应，而包包的圆点图案则呼应粉红色丝巾的圆案，相映成趣。

Handbag

普拉达，简洁，利落。

另一类是有色彩感的。这类包可以搭配鞋子，有独特的设计感，比如 Tod’s 的果绿色的包，我特意为它配置了果绿色的鞋子！

最后，我还推荐大家购买 Vintage 手挽包。

在纽约，我曾经买到一个完全纯手工的牛皮包，非常漂亮的手挽包款，设计、做工都极为上乘，硬牛皮材质淳朴自然，表面有古典的雕花，非常有质感 —— 虽然没有 Logo，可是它内在沉稳的品质，可以和衣服搭配出极有感觉的风味。

2012 年 9 月，在欧洲街头，我与我心爱的纯手工古典牛皮包。初秋，金色是这城市的颜色，我的心情和我的包包也同样。

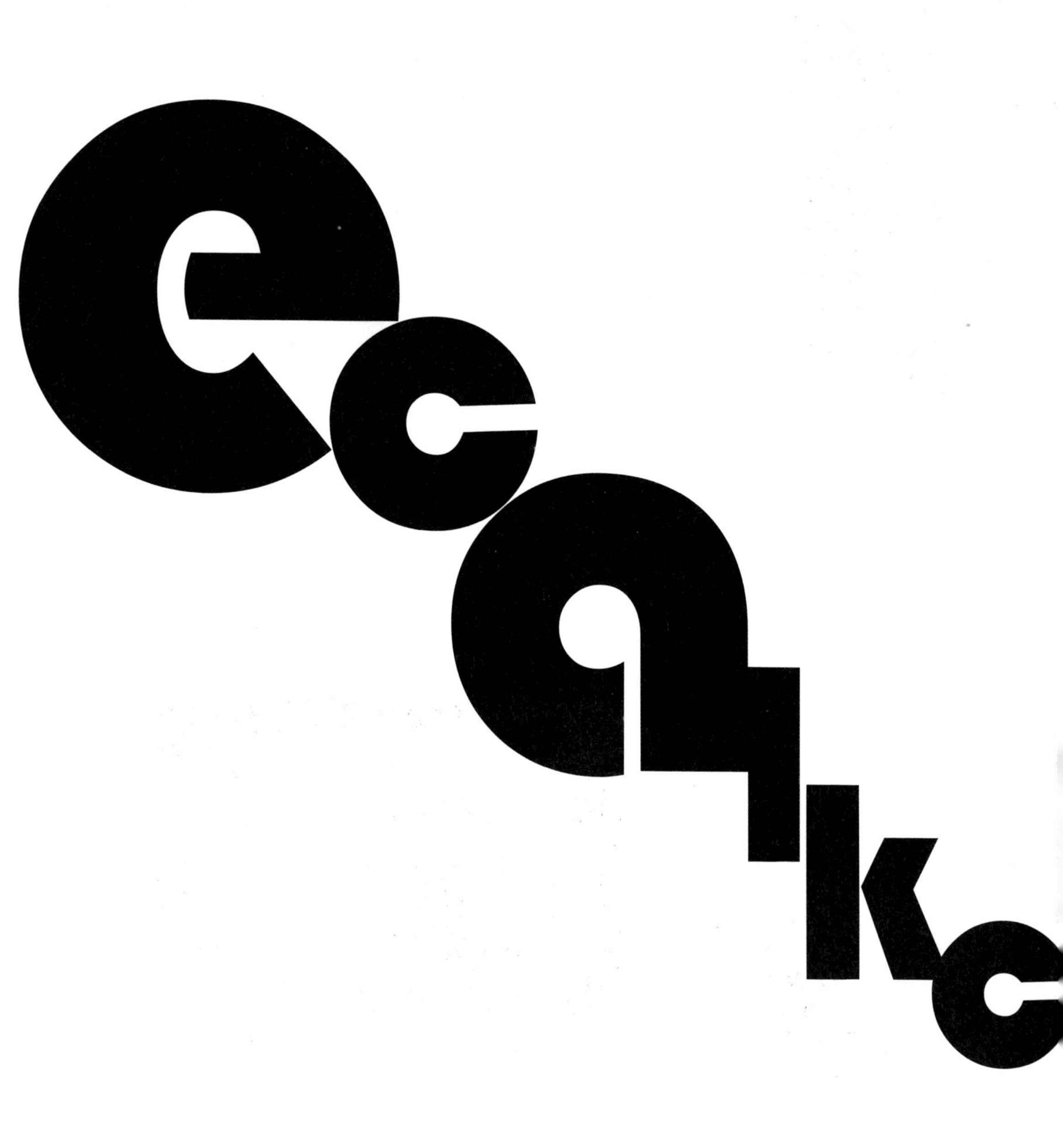

NO.8

长项链

Long Necklace

Long Necklace

长
项链

● 长项链是一款优雅的视觉魔法单品，可以在视觉上起到拉长颈部的效果。

● 长项链可以与所有服装搭配，而不只是一条简单的“毛衣链”。

● 将长长的金属链，在合适的位置加上胸针，一枚、两枚或多枚，这是自己DIY长项链最简单有趣的办法。

项链的人生观

如果用项链作一个比喻，那么我会说：项链就像一个女人的人生。

回望一生，有的女人会觉得自己一直都是平庸的，看看别人，会羡慕人家活得好精彩，却只能对着自己无

奈地叹气摇头。精彩的人在人生中勇于尝试更多精彩的内容，退缩者只能故步自封。这和戴项链是一样的道理。

有些女人的项链，故步自封地按照固有方式戴在脖子上，以一种方式从一而终地戴着，而错过了一万种可能。

—— 这是常规女人的人生。

多年来，我在自己的专业领域最深切的感悟，莫过于每当我用一些小配饰在造型对象身上进行小小的尝试和改变 —— 比如，将胸针变成发卡，项链变成腰带，耳环变成一枚别针的时候，周围人所发出的惊叹反应。她们的触动，来自于与寻常所见完全不一样的感受。这就是创造与改变衍生出的巨大力量。

你想让一条两百多元的项链具有更大的价值，就需要多多思考：它还能怎样？

当你想让 30 岁的人生拥有更多惊喜、更多可能性，就需要用更多的创造、想法和改变寻找常规事物背后的隐藏含义，以此武装自己。

繁复的珍珠长项链一直是传奇女性可可・香奈儿脖子上的必备之物。在她每一张经典黑白影像中，都可以看到珍珠项链的影子。她经常以长串珍珠项链搭配软呢套装、黑色外套、条纹衫，展现出特立独行的优雅气息。20 世纪 20 年代，香奈儿佩戴着俄国贵族情人帕夫洛维奇（Pavlovich）赠送的珍珠出现在《时尚芭莎》（Harper's Bazzar）杂志上的造型，被誉为“创造出时代最重要的昂贵简约的风格”。

香奈儿将她的项链变成了一种传奇，这个从不墨守成规、不断对抗传统的女人说：“我喜欢珠宝首饰。配饰在女人身上是为了让女人看起来更美，而非显露财富。”珍珠在她的身

Long Necklace

上变成了无数精彩的故事，串联起来演绎出她耀眼的人生。她的闪耀，在于她无限的勇气和独特的气质。丘吉尔形容她“强烈的个性连兴奋剂都相形见绌”。

我相信很多女人的抽屉里都珍藏着珍珠项链。为何我们的珍珠，只能默默无闻，偶尔作为一件华丽的配饰戴在脖子上？事实上，我们的每颗珍珠，都和香奈儿的珍珠别无二致。

所有的区别仅在于我们的头脑。正如香奈儿所说：我在创造自己的风格。

每个女人都应该将此作为自己的座右铭。

动感的东西永远比静止的东西吸引人

长项链是最实用的项链，也是最实用的配饰之一。无论春夏秋冬，不管你的风格形象如何，都可以选择一条长项链作为配饰。它最实用的功能之一在于：长项链是挽救一身平庸搭配的法宝。

一身平淡无奇的装束——比如，一件衬衫加一件铅笔裙，一旦加上一条长项链，要么出乎意料地长，超过腰线，要么充满着美妙的设计感，我想，你的形象一下子就会鲜活起来，显得与众不同。

长项链在胸前形成一个大大的V字，它的功用与深V领型一样，在视觉上使脖颈线条显得修长。即使你穿着一件不完美的圆领衣服，也可以用长项链来弥补缺憾。

为何一件小小的道具会有如此巨大的魔力呢?

这是因为，长项链是具有动感的、灵性的、闪亮感的配饰，它在胸前的晃动和闪耀为佩戴者增加了灵动的、引人注目的气氛——也就是所谓的气场。即便是一身普通装扮，也会随着长项链的闪动而活跃起来，具有了灵魂和生气。

当我们佩戴一条长项链时，它永远都会是人们目光追随的焦点。它的闪耀摇曳让整身搭配充满了浪漫的情怀，起到了画龙点睛的作用。我们经常会形容一个年轻的女孩“青春气息扑面而来”，这就是动态的魅力。动感的东西永远比静止的东西吸引人。这是我们无法抗拒的自然规律。**所以，聪明地选择灵动的东西作为全身搭配的点睛之笔。所有好的配饰一定都是灵动的。**

不完美领型的拯救者

如果有一天，你看到一条处处设计都十分完美、符合自己审美要求的连衣裙，却有着一个不太适合自己的小圆领——如果你想将它买下来，一定要搭配一条长项链。

这是长项链另一个实用的功能：拯救不完美的领型。

当我们穿上一件领型相对沉闷的衣服，可以佩戴长项链转变视觉感受——增加装饰感的

Long Necklace

同时，还可以完美修整第一视觉三角区：长项链造成的深V，有效地拉长了颈部的线条，给人视觉上的延伸感，此时，长项链变成了一个具有视觉魔法的道具。

当长项链作为一种魔法道具时，尽量选择与裙子颜色相反、相撞的长项链，效果会更好；金属和闪耀材质的长项链也是不错的选择。

我曾经用长项链为一个女朋友的衣橱“救火”。

她的衣橱中挂满各式各样的漂亮衣服，却有很多没有被真正穿过。这些备受冷遇的衣衫共同之处是，都有一个不适合她脸型的小圆领——“当初被那些漂亮的颜色或出色的版型所吸引，买来以后却不知道该如何穿好它们！”她苦恼地对我抱怨着。

我立刻建议她去饰品店里选择购置五条以上自己喜欢的长项链。不久，我接到她的电话。她兴奋地说：“哇，太神奇了！这么简单的方法，你就把我的衣橱给盘活了！”

——小小的配饰，也许价格不及那些名贵服装的十分之一，却具有这样巨大的能量！

简洁的设计、万能搭配的金属色、大大的吊坠——这是一款最基本的长项链单品。时髦女郎可以用它搭配出自己的百变风格。

最重要的一点：够长

长项链是特别能够显示出设计感和形式感的配饰单品。在选购时，只有一个关键词：长度。

——长项链够长，才能制造出具有魔法效果的V形；

——够长，才能跟随身体动作摇摆，吸引人们的目光，制造令人惊艳的效果；

——够长，才能与众不同。夸张的长项链长度可以超过腰线，甚至到达臀线。在诸多好莱坞街拍中，明星们以一条或多条夸张的超过腰线的长项链搭配最简单的黑衫或白衫，效果出众，既动感又时髦。

说起长项链的材质，最实用的莫过于金属材质，最优雅的当属珍珠材质。珍珠长链是经久不衰的时尚代表。可可·香奈儿的每一张经典照片中，无论她穿成什么样，淑女、中性、古典，都少不了那一串珍珠项链。

近年来环保风尚十分流行，自然素材诸如线绳材质、草编材质的长项链也一样让人爱不释手，它们具有更多的自然亲和力、现代感并且时髦。

Long Necklace

便于搭配的几种必备款式

吊坠式

一根长长的细链加一个精致吊坠。吊坠可以是水晶或方便好搭的金属；根据个人风格，也可以选择可爱的卡通造型等等。这类长项链的重点在于吊坠，不同吊坠可以显示出佩戴者不同的风格和气质。

长珠链

这个类型莫过于简约的珍珠长项链，具有简洁高雅的古典气质，洁白的珍珠长项链最能凸显出女性从容、柔美的感觉。

较为时髦的戴法：利用胸针和长项链搭配。将胸针扣在珠链的任何位置，根据自己喜好截成不同长短；将胸针作为吊坠使用；将长珠链缠绕多圈作为颈链。

长的珠链还可以用各种小机关变换不同的风格。

克里斯汀·迪奥曾经推出一款珍珠长项链，是我非常喜欢的饰品 —— 一条长长的珠链，大约1.5米长，附带一些金属小配件。通过这些小配件，可以将珠链组合成任意造型。

这种极其简约的、可以和佩戴者进行互动的饰品，是我心目中最好的饰品。这种互动刺激着女人的创造力和灵感，当戴上这样一款项链时，我们的美是与众不同的、自己独有的，即便别人也有一条一模一样的项链，却因为主人的手法不同而表现出不同的风格、气质 —— 创造独有的美，这就是好的设计！

Long Necklace

我用一枚古董珠宝胸针，扣住一条简单的珍珠长项链，再与一条金属质感的项链相搭配，与黑色褶皱纱衣相配合，营造出一种古典、优雅又略带神秘哥特风格的氛围。

自己 DIY

将长长的金属链，在合适的位置加上胸针，一枚、两枚，根据搭配的衣服颜色和感觉，进行各种各样的 DIY，都是非常有趣的。

时髦女郎蕾哈娜绝对不会忘记用长项链混搭展现自己的风格。在Chanel的时装派对上，她用Coco生前最爱的层层叠叠的珍珠项链与白山茶花，搭配性感而纯情的深V白色礼服，混合着她金属光泽的发色、麦色的皮肤和灿烂的笑容，让人感受到一种纯粹的女人味。

简洁夺目的撞色，用一条同样夸张的金属长链作为搭配，吊坠上的复古具象图案，打破了整身的抽象色块风，带来一种让人愉悦的惊喜。

与整身主题相吻合的项链，总能让人感受到佩戴者的巧思。精巧的船锚吊坠，配合内搭的海魂衫，而装饰感强烈的漆红环长项链，与自由奔放的风格十分契合，让人过目不忘。时髦女郎总是这样好看、养眼。

Long Necklace

佩戴方法

在我自己的首饰柜里，数量最多的莫过于金属材质的长项链。

每当我看到这类华丽又不失摇滚风格的配饰时，就会失去免疫力，必须纳为己有才肯罢休！

但是放心，这类配饰虽然具有突出的风格，造型夸张，使用率却极高。我一直主张物尽其用。一款长项链不仅可以适合女性的不同装扮，更能胜任她所扮演的不同角色：职业女郎、晚宴主角、闺蜜、女友或爱人……

—— 当我穿着白衬衫、铅笔裙时，可以佩戴，为整体平淡的装扮加入了 bling bling 的闪亮因素，时髦指数瞬间升高；

—— 穿着晚礼服时，可以佩戴，既雅致又带有些许不羁的气息；

—— 穿 T 恤和牛仔裤时，搭配金属质感长项链，轻松随意中衬托了金属闪亮的质感，同样很精彩。

不同项链混搭，创意也是无穷的 ——

1. 不同质感的长项链混搭。

模特佩戴着由金属宽项链、金属细项链、仿琥珀款装饰项链组成的项链组。材质质感不同，但色彩相近，因此也能完美契合，使搭配看起来毫不突兀，增添了第一视觉三角区的装饰感，与手腕间的同色系宽手镯、复古皮带交相呼应，让简单的牛仔衬衫装束看起来既养眼又洒脱。

几条长项链互相配合，搭配成项链组。金属、编织质感、皮质的，统一风格或完全对立风格的，当你将它们混搭在一起时，就统一成一个套系，穿一件简单的小白裙或小黑裙，佩戴这种夺目的套系配饰，可以塑造出独一无二的闪亮形象。

2. 长项链和短项链混搭。

错落有致的长短混搭可以在胸前夸张地铺排开，形成项链的“交响乐”。长、短项链可以是同样材质，比如大小不同的珍珠项链组成的长短相间款式，十分耀眼夺目，是行云流水般的“主题重奏”；也可以是不同材质混搭而成的，比如珠串和金属链混合而成，以材质的对比混搭出美妙的“变奏”。

使用两条淡绿色绿松石项链搭配在一起，一长一短，华丽而错落有致；搭配同色系的外套内搭，以及同色高跟鞋，使整个造型显得精致、含蓄，华丽的项链款式也显得并不过分。

Long Necklace

3. 长项链的变奏。

长项链是具有多重性格的配饰单品。你完全可以将它变成多重短项链佩戴；再短一些，变成华丽的颈链；它还可以变成手链、背包链或背包的装饰品；又或者将它扎在头发上，变成繁复的发饰；或者装饰在手机上，变成手机链；甚至，长项链还可以变成墨镜的装饰链。

细致婉约的细金属长项链可以很好地表达出女性的细腻、柔媚，将长项链绕一圈，变成两段式项链，再与材质近似的短项链相混搭，衬托出年轻女性娇嫩的肌肤和天鹅般修长的颈部曲线。

酷感十足的黑色流苏长项链，与黑色腰封、黑色小外套融为一体，成为整个上半身服饰的一部分，低调奢华，具有强大的气场。

从颈间垂至胸前的长流苏项链，无比华丽、复古，也是我喜欢的长项链类型。这种款式的长项链以金属色居多，如埃及艳后般奢华闪耀，在搭配白色礼服、宴会服时，衬托出女主角高贵不凡的气质。

NO.9
平底芭蕾鞋
Ballerina

Ballerina

平底
芭蕾鞋

● 平底芭蕾鞋是那种一看到就会令人怦然心动的单品。

● 世界上第一双平底芭蕾鞋的发明者是法国的罗斯·丽派朵（Rose Repetto），最初是为她跳芭蕾舞的儿子制作的便鞋。1948年，罗斯女士将这款在芭蕾舞“业内”广受女舞者好评的鞋子批量生产，起名为芭蕾舞女演员（Ballerina）。

● 可可·香奈儿在1957年推出的香奈儿双色鞋是一款经典的平底芭蕾鞋。

平底芭蕾鞋，仅名字就已经足够美了。

并非所有女孩都会跳芭蕾，但所有女孩都爱芭蕾，以及芭蕾所带来的梦想：小小的天鹅裙、低低的发髻、浅口绑带芭蕾鞋，这是属于女孩的情怀，是梦的点缀。

浪凡（Lanvin）极富女人缘的设计师阿尔伯·艾尔巴茨（Alber Elbaz）说：“专为行动轻快而设计的芭蕾舞鞋，除了穿起来优雅、舒适，还充满着女人味！”

一种想要跳起舞来的情怀

将圆口平底鞋起名叫平底芭蕾鞋的人，实在是太懂女人心了。将一个日常的鞋款冠名以如此怦然心动的名字，寄托了女人未竟的童真情怀。

无论是青春女孩，优雅成熟的女人，还是酷感帅气的时髦女郎，打开女人的鞋柜，你一定会发现平底芭蕾鞋，无论她的着装风格如何、身份地位何等高贵……

平底芭蕾鞋是介于女孩和女人之间最好的鞋子。

如果说踩在高跟鞋上的女人是女战士，那么，一双平底芭蕾鞋就是我们回归柔软和内心的道具。当我们摆脱了高跟鞋的束缚，身体和精神得到了双重的放松，平底芭蕾鞋就是宠爱自己的开始——这是我们把自己重新当作女孩看待的时刻。一双纤巧的芭蕾鞋，带给女人的精神抚慰，真的就像是有旋律在脚尖上旋转一样，轻快得想要跳起舞来。穿上一双舒适的平底芭蕾鞋走在街上，会拥有随时要去舞蹈教室排练一样的愉快心情。

Ballerina

从 Ferragamo 到 Repetto，从女神到性感尤物

世界上将平底芭蕾鞋穿得最经典、最优雅的两个女人，是奥黛丽·赫本（Audrey Hepburn）和碧姬·芭铎（Brigitte Bardot）。她们分别穿着菲拉格慕（Ferragamo）和丽派朵（Repetto）。这是两位风格完全背道而驰的时尚偶像，一个优雅、纯情，是人们心目中永远的公主；另一个性感、风骚，是叛逆而不驯服的小野猫。然而她们却有两个共同之处：第一，她们都是全世界女人永恒的榜样；第二，她们都爱平底芭蕾鞋，并将这种鞋款演绎成风潮，乃至经典。从她们开始，几乎所有女人都想拥有一双菲拉格慕的平底鞋或一双丽派朵。

制鞋大师萨尔瓦多·菲拉格慕在自传中评价赫本说："赫本双足细长，与她高挑的身段配合得恰到好处。平底鞋是她的最爱。她在打扮上崇尚天然去雕饰，是一位富有教养的绝代佳人。赫本喜欢篮子式的手袋和芭蕾舞鞋般的平跟鞋，无论搭配裙子还是裤子，都能衬托出她优雅洒脱的气质。"

赫本的童年有很长时间学习芭蕾舞，她曾经的理想就是当一名舞者，而非银幕明星。在战争时期以及面对经济的压力，当她知道自己不能实现童年的梦想时，曾经流下了伤心的眼泪。但对于芭蕾舞的热爱，为她之后成为永恒的时尚偶像，起到了至关重要的作用。她在诸多影片中，都将 Ferragamo 的平底鞋演绎得美妙绝伦：芭蕾鞋柔软地贴合她的脚部，露出大部分脚面，与她修长的小腿融为一体，将原本高挑细瘦的她，修饰得像一只优美的天鹅，惹

人怜爱。后来，Ferragamo 专门为赫本设计了一双芭蕾舞鞋，名为奥黛丽（Audrey）。据说，一双 Audrey 需要 134 个制作步骤才能完成。

而碧姬·芭铎（Brigitte Bardot）呢，这个上帝创造出的噘嘴女郎，是个天生不爱穿高跟鞋的叛逆尤物，甚至在拍电影时也是如此。我们经常会看到碧姬·芭铎（Brigitte Bardot）光着脚丫出现在银幕上，是因为她真的痛恨高跟鞋!

1956年，在《上帝创造女人》中，一向光着脚的碧姬·芭铎(Brigitte Bardot)这次穿上了鞋，这就是 Repetto 的红白格子芭蕾鞋，她穿着这双鞋子大跳曼波，惊艳了整个地球，成为电影史上不朽的经典镜头。Repetto 也因此蜚声全世界，所有女人都想拥有一双 Repetto。即使在今天，即使像希拉里·克林顿这样坚硬的政坛女强人，在造访法国时，也依然没忘记去巴黎歌剧院边上的 Repetto 店内选购自己喜爱的平底芭蕾鞋。

最经典的鞋款之一：Chanel 的双色平底芭蕾鞋

1957 年，经历过战争后低潮期的香奈儿推出双色平底芭蕾鞋，这是香奈儿一生的经典作品之一，也是时尚界最经典的鞋款之一。香奈儿本人非常喜欢双色鞋，她有很多经典照片都穿着自己设计的这款鞋子。

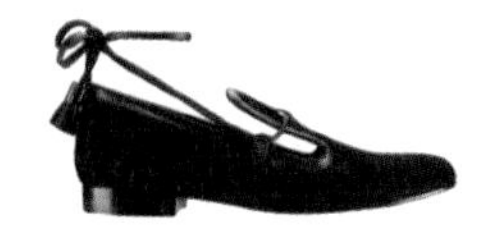

Ballerina

可可・香奈儿认为双色芭蕾鞋是女士必备的鞋款。她说："鞋子是优雅最重要的一部分。一双好鞋可以衬托出淑女优雅的气质。"双色鞋由米色和黑色完美搭配，米色的鞋身延长腿部的线条，黑色的鞋头具有强烈的收缩感，那个年代的香奈儿女郎们人人一双双色芭蕾鞋。这款当年极其前卫的平底鞋，在今天看来极其时髦，并且随着时间的流逝成为经典。直到现在，双色鞋也是诸多好莱坞名流的挚爱。凯拉・奈特莉（Keira Knightley）、凯蒂・赫尔姆斯（Katie Holmes）、妮基・希尔顿（Nicky Hilton）都是香奈儿双色芭蕾鞋的忠实粉丝。

好的鞋子随身携带

我在国外经常会看到穿着职业套装或小黑裙、脚上一双平底芭蕾鞋、背着大包健步如飞的女郎。她们迈着轻快的步伐，包里极有可能装着她的另一副面孔——高跟鞋。然而，这双平底芭蕾鞋令她们的装扮毫不逊色，同样是属于城市的别样风景。

无论在纽约、巴黎、东京、米兰、北京、上海……我们都可以在任意一个地铁口，看到打扮得体、气质出众的都市女郎，穿着属于自己的平底芭蕾鞋，在快节奏的都市中穿梭。

Chanel 经典双色芭蕾鞋

如果说高跟鞋可以带给女人高度和力量，平底鞋则让

我们脚踏实地地在这快节奏的时代，大步伐地走好每一步。它带给我们的，既是纤细柔美，又是亲密舒适，让脚趾和行走都变得无拘无束，舒缓我们过度紧张的神经。

当我们在 8 厘米上战斗了一天，身体和内心已经足够疲惫，平底芭蕾鞋让我们长长地舒了一口气，开始生活。属于女人自己的私人时间，都是平底芭蕾鞋时间。

我在不工作的日子里，穿着最多的，是一双菲拉格慕的平底鞋。这双鞋子，是对我身体和心灵的按摩。有时，不得已穿着高跟鞋走了很久的路，脚部的痛感神经不停地向大脑发出各种各样的控诉，心情也会随之越变越糟糕！没有一双舒服的鞋，女人的美丽和良好的心态也会大打折扣。因此，我会经常提醒自己随身携带一双轻盈的平底芭蕾鞋。

Ballerina

毋庸置疑，对于都市女郎而言，这是一款非常实用轻便的鞋子，可以轻松地将它装在行囊中。事实上，也有更多的牌子为自己的平底芭蕾鞋附送一个带抽带的便携小包。这是一款需要随身携带的特殊单品。

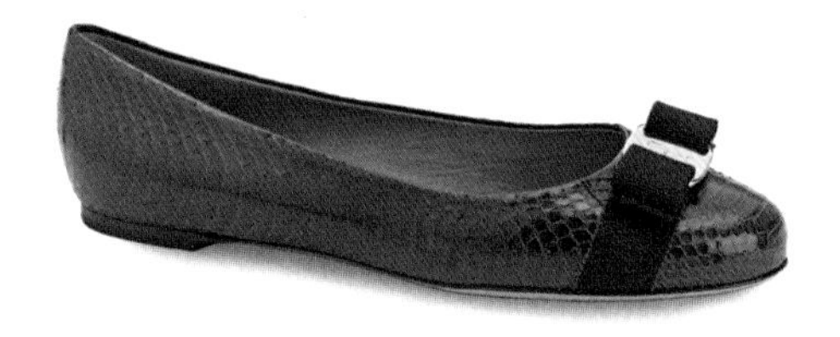

Salvatore Ferragamo 2013 早秋发布的鞋款

穿搭指南

浅口平底芭蕾鞋最令人感动的实际功用在于，它使脚背、脚踝与小腿完全融为一体，即便是平底，也仍然可以从视觉上起到拉长和延伸腿部线条的作用，这就是为什么这款舒适的鞋子会如此令女人迷恋。即使是举足轻重的女人如希拉里・克林顿、卡拉・布吕尼、凯特王妃，也依然可以舍弃高跟鞋而选择穿着平底芭蕾鞋“出门见客”—— 它的确具有将优雅、舒适、时尚、修身合为一体的特质。

可折叠携带的 Chanel 芭蕾鞋

平底芭蕾鞋是万能搭配款，无论何种造型都能与之搭配出彩：摇滚范儿、淑女范儿、职场 lady 范儿、街头潮女范儿、嘻哈范儿，哪怕穿着婚纱或一身套装，都能和平底芭蕾鞋配合得天衣无缝。

如何将平底芭蕾鞋穿出最佳效果呢？让我们向这些优秀的“平底鞋女郎”学习最经典的穿搭方法。

最优雅的赫本穿法：中长复古裙 + 平底芭蕾鞋

这当然是最复古典雅的精致装扮。你可以复制赫本在不同电影中的经典造型 —— 一袭小黑裙，搭配黑色的平底芭蕾鞋，再加一顶黑色大帽子；修身白衬衫加简约的七分裤装，搭配浅色芭蕾鞋；最经典的莫过于大圆摆的复古中裙，搭配同色系平底芭蕾鞋，脖子上系一条小方丝巾。这是最彻底的安妮公主装扮。

最洒脱的凯特·莫斯穿法：紧身牛仔裤 + 平底芭蕾鞋

凯特·莫斯非常喜爱黑色的平底芭蕾鞋。不羁的她经常会以一条黑色或蓝色紧身牛仔裤搭配芭蕾鞋，将腿形和脚形的曲线勾勒得十分完美，再搭配以简洁的小夹克或西装外套，手挽心爱的大包，轻松、随意、舒适。这是大步向前的都市女郎风范。

Ballerina

最亮眼的艾格妮丝·迪恩穿法：彩色连裤袜+平底芭蕾鞋

假小子艾格妮丝在秀场外最爱用色彩鲜艳的丝袜搭配芭蕾鞋，再搭配以轻松的衬衫。当然，白金色的短发让艾格妮丝非常衬这些明快的色彩。大色块带有一种游乐场般的娱乐意味。这是最青春时髦的搭配法。

不建议的搭配

1. 除非有着模特一般的身材，可以用平底鞋搭配阔腿裤或喇叭腿裤，否则不建议去尝试。

2. 不建议平底鞋上有太多装饰物。大大的金属物、大绒球、遍布鞋身的钉珠，这些都不是我推荐的款式。平底鞋是一款平和的鞋子，过多的装饰反而削弱了它对脚部线条的修饰功能，而使人们的目光停留在鞋子上，与平底芭蕾鞋整体的气质不太协调。

选购平底芭蕾鞋的 7 个建议

1. 一双黑色的最简洁的基本款平底芭蕾鞋，是每个女人不可缺少的。

2. 选择那种小小的圆头、具有弧线感的设计款式。一双合脚的芭蕾鞋，应该根据脚部的曲线，鞋子可以彻底地贴合脚掌与脚跟。

3. 选择舒适度高的款式。购买大半号的平底鞋，是穿着最为舒适的。赫本常说，她从来不会买比自己脚还要小的鞋子。切忌削足适履，宁可选大半号也不选小半号。

4. 注意材质。不建议选择那种特别硬、轮廓感很强的皮革，穿起来会不太舒服。柔软的小山羊皮、牛皮、织物面料都是非常好的选择。

5. 选择纤细型。怎样鉴别鞋子是否纤细秀气呢？反过来看看鞋底的宽窄。如果希望显得更加秀气、女人味，鞋底透露出鞋楦的廓形。

6. 小尖头会增加腿部修长感。选择鞋头稍尖的款式，可以使腿形更加修长；椭圆的浅口稍稍靠前的设计，可以露出些微趾缝，看起来会十分性感。

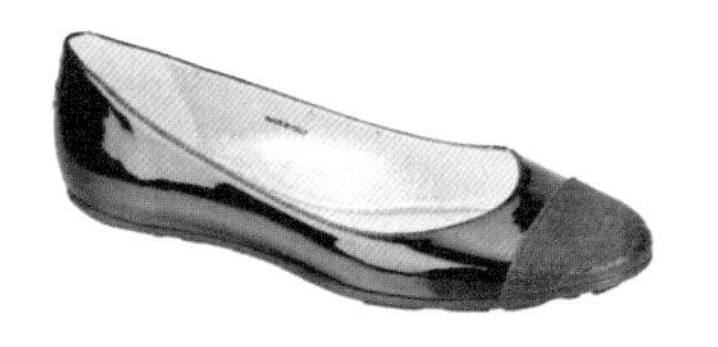

Jimmy Choo 2013 早秋鞋款

Jimmy Choo 镂空设计芭蕾鞋

Coach Fiona 缎面平底芭蕾鞋

Ballerina

7. 让脚形显得更加秀气。

在购买鞋子时，我们经常会遇到这种情形：很多鞋子看上去差不多，但试穿之后发现，有些鞋子会让脚看起来很宽，有些鞋子则会让脚部显得纤细。

这是因为不同鞋子鞋帮设计的高低不同。稍高的鞋帮会包裹部分脚面，从而使脚部看起来纤细修长；如果鞋帮设计过低，则会露出更多脚部皮肤，脚也会缺少包裹感，显得胖胖的不够秀气。

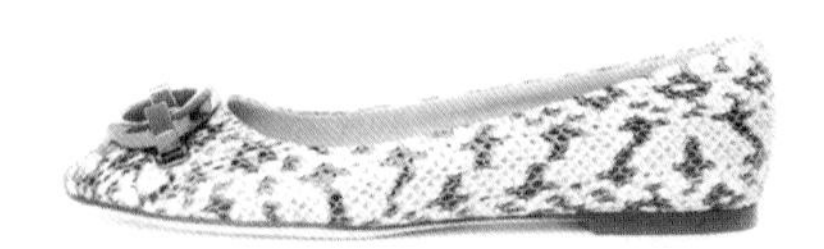

NO.10
香水
Perfume

Perfume

香
水

● **香水是一种感官的诱惑。**

● **它没有一丝粗俗，绝对高级，它纯正、和谐。尽管如此，却很新颖，令人神往。它很清新，毫不刺鼻。它像花一般，并不多愁善感。它具有深度，一种美妙的、深褐色的、令人陶醉的、隽永的深度；却一点也不浮夸或华而不实。——帕·聚斯金德《香水》**

● **有人问香奈儿香水该使用在什么地方。她不假思索地回答：用在你最想被亲吻的地方。**

每一款香水的包装设计都是世界上最好的艺术品。小小瓶身所体现出的流线美感，令人爱不释手。

人们常说，如果想要了解一个人的DNA，就先

从她/他所用的香水开始入手。

香水有着太多迷人的故事。每一款香水都蕴含着味道之外的余香。

对于女人而言，香水就是一个日记本，记载着太多太多记忆。一种味道，就会联想起那年炎热的夏天发生的故事。

所有回忆，都是和成长历程相关的。

从这个角度，每个女人都可以写一本有关香水的故事。这本书中记载了她的成长历程。

每一朵花里面都住着一个精灵

没有用过香水的女人，就像没有真正谈过恋爱的女人。

香水具有唯一性。即便是同一款香水，用在不同人身上，也会因为混合了每个人独特的气味而散发出不尽相同的香味。

香水通过嗅觉刺激我们的大脑皮层，带给我们强有力的味觉力量。

很多年前，当我还是个小姑娘的时候，曾对研究香水产生浓厚的兴趣。

那时，我乐此不疲地研究每款香水的前调、中调和尾调，仔细学习植物的属性，了解它

Perfume

们哪些成分在头香中散发出来，哪些会持续到尾调。在埃及，我曾去参观精油博物馆，观看精油的生产过程，感受不同花香所散发出的独特气质。

安徒生的童话中说，每一朵花里面，都住着一个小小的花的精灵，人类的眼睛是没有办法看到它们的。在参观埃及的精油博物馆时，我对这位童话大师的描述有着深深的认同感——真的很神奇！大自然赋予我们几十万种不同的花。人类从花的精华中提取出最需要的部分，变成更加浓缩的精华。一瓶小小的香水中，汇聚着成千上万朵花儿的灵魂。各种自然界的成分混合在一起，仍然保持着清澈、透明。这珍贵的几滴，集结在小小的瓶中，散发出更为巨大的能量。这就是花的精灵！是人类最伟大的发现之一！

香味是一件古老的事物

在远古时代，人类就有使用香料作为香氛的记录。古人提取不同香料中的有效成分，用于医疗、催情和美容。一些高级的香料甚至只有特权阶层才有权利使用。

据说，早在公元前一世纪，埃及艳后克利奥帕特拉拥有自己的香水作坊。她的香水散发着一种性感和香甜的味道。她使用玫瑰、番红花和紫罗兰制成的膏油涂抹身体，用杏仁油和蜂蜜涂抹双脚，用玫瑰花瓣作为卧室的帷幕，用牛奶沐浴——你知道为什么罗马帝国因她而坍塌了吧！

十字军东征之后，法国人发明了精油的萃取法，由此奠定了法国香水的至高地位。

1792 年，一名意大利调香师在德国科隆推出了以自己店铺门牌号码命名的香水 4711，这瓶著名的香水，后来被人称作“科隆之水”，也就是今天的古龙水。

19 世纪工业革命之后，合成乙醛加速了香水的工业化进程。

两次世界大战期间的 30 年代，女性革命、高级时装与香水工业结合在一起，女性开始闪耀出前所未有的优雅和浪漫气息。著名的香奈儿 5 号诞生了。混合着各种香型的金黄色液体被装在精美的玻璃瓶中，作为奢侈品呈现在我们面前。

散发着金子一般的味道

精油是香水最核心的精华。寻找了很久不同的香味之后，我发现自己最爱的仍是迪奥的真我（J'adore）。它既非传统法式香水的甜腻，又非美式淡香水的清淡，也不是古龙水植物味道的浓郁……

J'adore 香水就像它的广告一样，散发着像金子一样充满魅力的味道。

迪奥先生曾说：“我在孩提时关于女性最真切的记忆，莫过于她们身上的香水味……你简直难以想象，需要投入多少创意和工艺，才能成就一款美妙的香水。调制全程可谓竭尽心力、精益求精。我一直自视是一名调香师，而不仅仅是一名时装设计师。”

J'adore 香水无论从外在还是内涵，都继承了迪奥先生所钟爱的经典美学 —— 柔美的玻璃瓶弧度传承着来自 1947 年 New Look 的经典美学，混合着中国柑橘、印尼黄兰、常春藤叶、非洲兰花、玫瑰、紫罗兰、大马士革李子、紫红醋栗及黑莓子、麝香的味调，充满自信和感性，释放出女性内心深处最真实的自我。

Perfume

J'adore,这法语词汇的本义即“这是我爱的”。

多少年来，J'adore 广告都是我的挚爱。它们都是由世界顶级的摄影师和明星共同演绎的。

有故事的女人

我非常喜欢查理兹·塞隆(Charlize Theron)的气质。

她是一个对自己百分百自信的女人。

这位身高 177 厘米、生于南非的美女，被称为“世界上最美丽的钻石”。

在好莱坞，许多美丽的女明星，都被当作具有装饰感的花瓶。但查理兹·塞隆决不允许他们这么做。就像钻石一样，她美艳、妖娆，令镜头外的摄影师也会想入非非，但却有着极精纯的硬度。她是《花花公子》的封面女郎，也是奥斯卡影后。同时具有这种双重身份的女人可不太多。世界上只有两个。

由于她令人遐想的美貌总是让人忽视了她的演技，她就决定在银幕上扮丑，以打开自己的演技之路。2003年，她增肥30磅，扮演了美国历史上著名的相貌丑陋的女连环杀手艾伦·沃诺斯，并以此获得了奥斯卡影后的桂冠。之后，她说：“有人看过《女魔头》后，以‘勇敢’两字形容我，我觉得不太恰当，这不过是演员的分内事。”

美国Esquire杂志评价她为娱乐界“不可替代的性感尤物”。查理兹·塞隆不靠保持神秘营造性感形象。她是现代女郎的典范：魅力来自于感性、真我和大胆——正如她所代言的J'adore香水所释放的气息。在银幕上，她是百变的、神秘莫测的妖女；在阳光下，她是带有和煦笑容的城市女郎。她说：“我认为J'adore是一种很棒的表达方式。我轻而易举地爱上了它，它就像一个女郎……感性而大胆，令我更有自信，也更性感。”

2008年，我去参观迪奥60周年中国展，那是迪奥第一次在中国进行大规模的展出，有迪奥

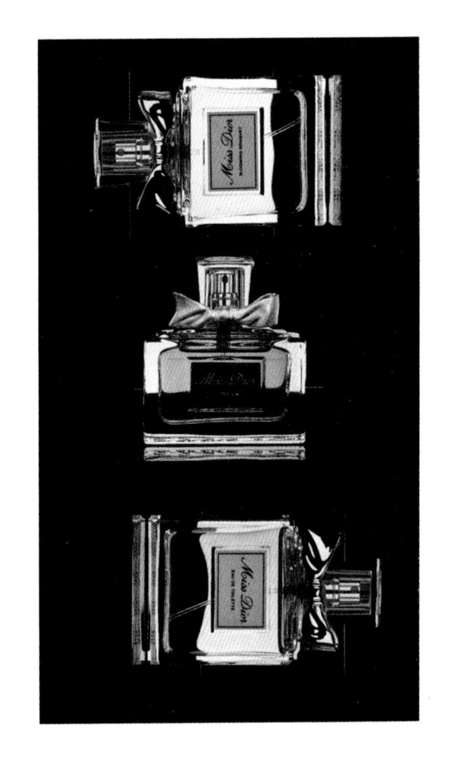

Perfume

先生亲自制作的各种礼服，以及 New Look 原版裙装的陈列，太多太多珍贵的作品以艺术的形式展现出来。然而，给我留下最深印象的，是在影像展厅。坐在里面，我一遍一遍沉醉在 J'adore 历年广告经典影像中。这就是传奇！这就是经典！一个产品懂得如何找到自己品牌的精华，用最恰当的手段直指人心，让人们有了怦然心动的感觉。

这即是奢侈品牌的意义所在。

在这些流金的画面中，我深深感到，“奢侈品”不仅仅是一个标签，而是人类爱这个世界的力量。

迪奥所展现的，就是一个百年品牌所赋予我们的力量。

香水是女人的隐形外衣

味道可以唤起我们的记忆，释放我们脑海中的联想因子。

从她使用的香氛中，我们便可看到一个女人的成长轨迹。

15 岁，她的第一瓶香水，带有清晨露水的清香；

20 岁，她是鲜艳欲滴的桃子味道；

30 岁，她是性感而自信的玫瑰、柑橘和茉莉的混合体；

40 岁，她既优雅又神秘，是充满内涵与华彩的鸢尾和檀香。

香水之于女人，其实恰恰是在赞美女人如花。

香奈儿女士形容香奈儿 5 号时感慨地说:“这就是我要的。一种截然不同于以往的香水;一种女人的香水;一位气味香浓、令人难忘的女人。”

在法国时，我曾去拜访娇兰(Guerlain)的门面。娇兰最早就是一家香水工坊，从 1828 年至今已经有将近 200 年的历史。它的老店就位于香街上，不大的门脸，走进去之后，却是真正的金碧辉煌。来到二楼，就会看到娇兰引以为傲的香水展示。娇兰经典的蜂巢状的包装设计，在它的店面中也随处可见。当看到那些精美的香水陈列，我就会不由自主地联想起法国贵妇的雍容华贵和典雅，闻到阵阵熏风，似乎就看到迷人的微笑和红唇。据说，娇兰也真的是当年法国拿破仑三世的皇后所钦点的御用香水。

最早的娇兰香水是定制的。现在，娇兰的老店仍保留着这项传统的业务。

在香街的店面里，娇兰会根据顾客的需求和感觉，为顾客量身定制属于自己的专属香水，从前调、中调到尾调，完全调配出属于一个人的私有味觉。一个具有几十年经验的高级调香师——法国人称他们为鼻子先生——帮顾客调制出属于自己的香型，将这些珍贵的金色液体注入手工玻璃瓶中，用封蜡封起，将淡金色的棉线打成穗，缠绕在瓶口，起到装饰和密封的双重作用。

使用这瓶珍贵的香水时，用长长的玻璃棒将香水涂在手腕上，或将香水涂在一根长长的鸵鸟毛上，用鸵鸟毛扫遍全身，使香水分布得更加均匀自然。一切都是这么的古典而浪漫，

充满着梦幻气息。这是真正的奢侈，是艺术化的性感。这些画面，让人流连忘返，至今仍留存在我的脑海中，就像欣赏一部耐人寻味的法国艺术片一样，值得重温。

香水：虚和实

玛丽莲・梦露曾说，在床上，她只穿着香奈儿 5 号。

的确，香水也可算是一件奢靡的衣裳，一件虚拟的最华丽的配饰。

香味令人浮想联翩，具有强烈的指向性。一瓶好的香水能够让你变成一个艺术家，脑海中呈现出各种各样的、漫无边际的优美图像。

这就是好的香水带来的功能。

当一个女人将自己打扮得得体漂亮，加上配合默契的香味，就是最有力的虚实结合。

选香水，如同选伴侣般重要。一瓶香水会在你的生命中留下深刻的痕迹。人们会因为某

种味道而联想起你，这个人也许是你远在他乡的密友，也许是初恋的情人，也许是一个欣赏你却一直保持沉默的人。一瓶香水会伴你一生。

选购要点

1. 在选择香水时，将香水喷在自己身上，而不是只体验试香纸上和别人身上的味道。香水混合了自己独有的气味之后，才呈现出真正属于你的香味。

2. 香味在不同环境下会产生变化。同一款香水，你在商场里闻到的味道，与在家中闻到的香味不尽相同。

3. 咨询调香师。调香师是气味的园丁。一个好的调香师了解每一种植物所散发出的不同气味，他们专注、安静地打理这些气味，就像打理他的后花园。他们熟悉每一种气味的性质、特征，了解跳跃的、沉静的气味之间的配比，因此，向调香师求教，是了解香水的最佳途径。

如果没有个人的 logo，这世界上恐怕也不会有那么多让我们永远铭记的时尚偶像。

还记得比“疯帽子”还疯的帽子淑女 Isabella Blow 吗?

又或者用大耳环和大手镯点缀自己的波普色块女王 Iggy Azalea？

几乎每一个英伦摇滚偶像都穿着破旧的帆布鞋。

假小子 Agyness Deyn 用五色斑斓的纯色甲油点缀她白金色的短发……

用一种无可替代的色彩给自己盖个章，让每个人都因此而认识你。活出自己的范儿，自己的标签，自己的时尚 logo。

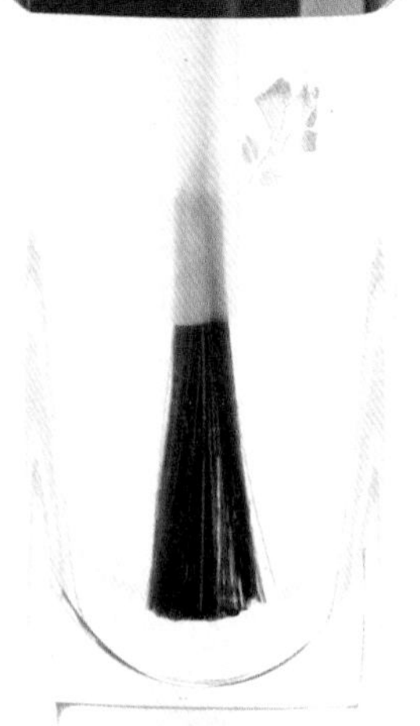

帽子
纯色甲油
大手镯
吊灯耳环
帆布鞋

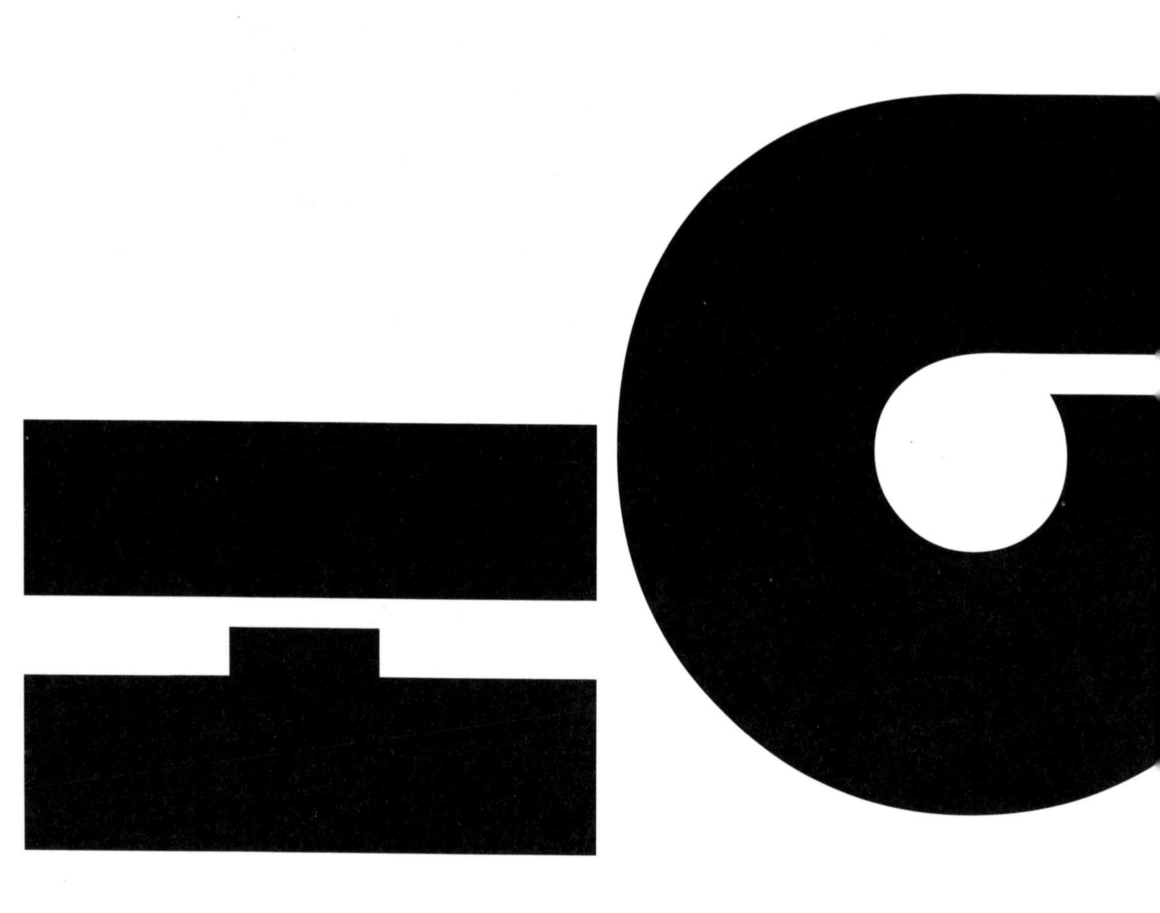

NO.11

帽子

Hat

Hat

帽子

● 克里斯汀·迪奥曾经说过："没有帽子，人类就没有文明。"

● 帽子是令我们进入另一个自我的单品。

● 1930 年，玛丽·迪特里希（Marie Dietrich）在《蓝天使》中头戴礼帽、身穿紧身衣的造型不仅是电影史上最经典的形象之一，也是诸多时尚大师的灵感源泉。

● 帽子大师斯瓦内普尔（Swanepoel）建议，戴帽子最好的方式是"用智慧佩戴"。在选择帽子时采用对立原则。"一个圆脸的女人，应该戴一顶方形的帽子；如果脸形较长，就该选择带边的帽子。"

● 北京话"盖帽儿"是表示"好得无法形容"的意思——快去买一顶帽子戴上吧！

每年英国的皇家赛马会，是女性帽子的盛宴。身着传统服装的女士们，在礼服上无从发挥，于是用千奇百怪的想象装点自己的帽子，吸引着时尚界的眼球。

从普通人变成潮人，其实很简单 —— 一顶帽子就是神来之笔。

帽子是可以告诉我们明确的气质方向的单品。

在欧洲，以前的贵妇只要出现在公共场合，华丽的帽子是她们最不可或缺的装点，是她们珠宝首饰的一部分。一位没有戴帽子的贵族女士就好像我们今天出席宴会而没有化妆一样失仪。在她们的社交圈中，帽子是一个重要的话题，是时尚的风向标，也是礼貌、身份和修养的象征 —— 要知道，可可·香奈儿女士最初是为上流仕女设计帽子起家的。

随着时尚不停地轮回演变，帽子曾经一度无声无息。大概是人们厌倦了戴帽子的烦琐，20世纪60、70年代，嬉皮士的崇尚自然风潮让一条丝带、一个抹额、一圈花环就轻而易举地取代了帽子的尊贵。

然而，最近十年，帽子又重新回到潮流人士的视野中，卷土重来并且来势汹汹，各式各样花样翻新的帽子将制帽的传统提高到前所未有的流行高度。在这样一个自由享乐、想象力无边的年代，人人都可以随手戴上一顶自己喜欢的帽子。这顶帽子，可以是时髦的潮品，也可以是一顶自己动手加以改造的古老的祖父祖母帽，甚至还可以是自己做的帽子！

帽子从来没有像今天一样和我们这样亲近。

Hat

戴上帽子，获得新生

尽管今天的帽子已经抛弃了过去的繁文缛节，不再承担那么多严肃的含义，当我漫步在欧洲街头时，依然可以看到路上从容不迫行走着的老派的绅士和淑女。

只有在欧洲那些古老的街道上，我才能真心体会到：Lady 这个词，只有放在一个戴帽子的女士身上才能够更贴切地成立。帽子表达出 Lady 内在蕴含的优雅含义。

"帽子是个毫不害羞的奉承者，使人注意到它那飘逸的曲线、魅力的饰带，将你的目光吸引到脸部最别致的部分。它美丽的曲线可以突出你炯炯有神的眼睛和光洁的前额。帽子造成的阴影，使面部线条柔和而富于戏剧性，增加神秘感而引起旁观者的好奇心。没有女人能够经受得住试戴一顶帽子的诱惑，帽子改变了我们对自己的印象，让我们变成另外一个角色，正如戏装让女演员入戏一样神奇。"美国作家 Jeanine Larmoth 说。

帽子、珍珠耳环和胸针是伊丽莎白二世最钟爱的三种配饰，它们均沿袭自传统的服饰礼仪，今天，也代表着一种尊贵——戴好你的帽子！它不仅体现了美，也是身份的象征。

我很有幸受邀参加了英女王的皇家赛马会，赴英之前更是为了帽子费尽心思，后来戴了设计师兰玉的高级定制白色帽子，与我的白色蕾丝套裙相映成趣，得到很多赞美。

一直以来，对帽子的敬仰是欧洲时尚人士、权贵阶层从未放弃的传统。

我有一位朋友曾经受邀参加迪拜国王的赛马盛会。在这种场合，每个人都必须戴上帽子以向传统致敬。由于是第一次参加这种传统盛会，我的朋友没有任何准备，随手抓了一顶帽子戴在头上 —— 实际上，是在酒店楼下的商店里买的 —— 整个观礼过程的感觉不得不说是糟透了。第二年，她提早做好了准备，早早购置了克里斯汀·迪奥的白色礼服帽 —— 在某些时候，保持对传统的敬仰和对规则的尊重，是人类社会不可缺少的仪式感，这种仪式感让我们的灵魂深处产生一种崇高的情操：对美的敬仰、对时间的肃然起敬。

对于每一位女人来说，戴上这样一顶帽子，就像穿上礼服裙一样，都是一个终生的美丽梦想。为生命中每一个美好的瞬间做好准备，我建议每一位注重自我形象的女性朋友：将帽子作为你生活中必不可少的时尚配件，学会让它为我们的仪容和气质增色；每个女人衣橱的最上层，不要让被子、毯子、羽绒服占据了空间，而是摆放上自己心爱的帽子。

Hat

将衣橱的顶层还给帽子!

作为造型师，我的建议是：衣橱从上到下放置的物品，与我们身体从上到下穿戴的服饰顺序是一致的。美丽的帽子应该放置在衣橱的最上层。将帽子平坦放置有利于保持帽子的外形轮廓。不要把帽子挂在挂钩上保存。

也许你会发现，戴上帽子之后得到的赞美，比洗了头发得到的还多。

我们经常会听到这样的对话 ——

戴帽子的女孩走进电梯。

“哎，你今天的造型不错呀！”

“是指我的帽子吗？”

“对呀，你的帽子真好看！”

“我昨天晚上没洗头发。”

“……哈哈。”

帽子可以让我们的造型立刻增添了整体感，因而更加引人注目。而且，帽子在第一视觉三角区中占据着非常重要的位置，可以让我们轻松拥有与众不同的时尚感觉。

怎样能够让自己迅速地时髦起来？给大家推荐几款近年来最具代表性的帽子。

传统的礼帽

礼帽是我非常喜欢的一种帽型。

礼帽是最传统的男士配饰之一。在很久很久以前，17、18、19世纪，绅士们都会戴一顶礼帽。这种礼帽从传统的高礼帽演变而来，保留了传统礼帽的帽檐和帽带，轻松、帅气，即使一个平凡的人戴上礼帽，也立刻会显得风度翩翩，绅士十足。女孩子佩戴这样的帽子，会增加率性的气质。

礼帽的款式可以从冬天的呢质、到夏天的纬编，通过不同的丰富材料去表现。更重要的是，礼帽还会有不同的颜色。帽子本身的颜色和帽带的颜色，都是十分重要的搭配点。掌握好色彩搭配原则，将会为我们整身着装的协调增色。比如，帽子的颜色与整体服装颜色相统一；或者帽带与腰带、靴子的颜色相呼应，都会让搭配看起来统一、协调、精致。

Hat

最佳搭配伙伴 —— 长项链

礼帽和长项链搭配在一起，是我最喜欢的效果。

礼帽的廓型感和帽檐制造的阴影效果，可以突出我们的脸型和五官。通常人们认为礼帽会更适合西方人的面孔。其实不然。齐眉的礼帽与脸部两边垂下的头发，会重新塑造脸部轮廓，非常适合面部轮廓相对平缓的亚洲人。

毋庸置疑，戴礼帽会稍显男性化。一条长项链，既可以起到中和的作用，又可以在视觉上拉长脖颈，突出肩线和锁骨，配合礼帽共同在视觉上重塑脸型。

一顶礼帽，一条珍珠长项链，在项链中下部随意打一个结。既有混搭，又有风格对比，这就是用最简单的单品和道具彰显搭配品位的方法。

不走寻常路

如果有人担心礼帽稍显古板，只需看看最时髦的欧美街拍，即可学到很多时尚扮靓技巧。

在诸多好莱坞明星和时尚达人头上，礼帽不再中规中矩地戴在齐眉位置，而是更加轻松、毫无顾忌地戴在后脑勺位置。

同款帽子，戴在不同位置，也会产生不同的效果。这种无所顾忌的戴法，只要出现在合适的场合，搭配合适的衣服，既优雅又俏皮，非常适合潮女范儿！

自己动手、旧“帽”换新颜

1．在帽带上做文章。

我猜，你的衣橱里或许有一顶挚爱的配有黑色帽带的深灰色礼帽。你经常用这顶帽子搭配各种衣服，无论怎样搭配，都十分有型，百搭不爽。可是，你的内心里，还是会有一点点小遗憾 —— 每天戴着同一款帽子，总会稍显无趣，不是吗?

我猜，很有可能，你会跑进帽子店，去再购置几顶同款或类似的帽子。可我还有一个更有趣的办法 —— 自己换帽带！

用不同颜色的缎带，自己动手更换不同颜色的帽带 —— 就是这么简单。你只需根据所搭配的服装颜色，更换不同颜色的帽带，就会花样翻新，每天变化出不同的心情。

Hat

2. 使用一件最百变的配饰 —— 胸针。

将一枚或两枚胸针，别在帽带上。仅仅一点小小的装饰，就已经非常耀眼。如果想更加引人注目，多使用几枚胸针混搭在一起，别在帽子上，也会制造出惊艳的效果。

创意其实就是跟随自己的心情突出重点 —— 一顶传统的绅士帽会因为这些闪耀而旧“帽”换新颜！

平顶礼帽——礼帽的变体

平顶礼帽是一款非常法式的帽子。

谈起这种帽子，首先进入我脑海的就是《情人》这部电影。影片中的珍・玛奇（Jane March）便是戴着这样一顶平顶礼帽，最最普通的米黄色，麦秸秆的颜色，阳光的颜色，黑色的帽带。珍・玛奇饰演的女孩穿着简单的白色连衣裙。如此简单，便淋漓尽致地展现出一

个像阳光、麦子、野草般自由生长的女孩的浪漫气质。从十几年前第一次看到，直到现在我都记忆犹新。

平顶礼帽源自意大利的亚平宁半岛，很快风靡欧美，这种度假感十足的帽子一般多为编织款，既可以休闲地戴着，也可以出现在正式场合，是当时中产阶级十分钟爱的帽型，也是近些年来十分流行的一款经典。

最佳搭配伙伴——高腰长裙

平顶礼帽是比礼帽更时髦的单品，一般是草编材质，带有一种大自然的芬芳，更适合夏天戴。

平顶礼帽的最佳搭配伙伴是高腰长裙。平顶礼帽不会在视觉上助长身高，但却具有悠悠的法式情怀，一旦搭配一款高腰长裙，这种情怀便会被发挥到淋漓尽致。高腰长裙也会增加身材比例的修饰感，同时，更加契合平顶礼帽带来的优雅气质。

Hat

最佳选择

传统的纬编淡金色平顶礼帽，配以黑色帽带，是最经典、最有味道的选择——还记得吉恩·凯利（Gene Kelly）在《雨中曲》中的平顶礼帽造型吗?

自己动手，旧“帽”换新颜

这款帽子的自然感，令我们看到戴着平顶礼帽的女孩，似乎就闻到了草的清香。在帽檐上加一些不过分鲜艳的小花朵装饰，可以突出自然的味道，起到画龙点睛的作用。

马术帽

马术帽是我最近的大爱。马术帽有一个圆圆的帽顶，前面有小小的帽檐，颜色一般为黑色、白色或驼色。

这种帽子非常帅气，既不会过于休闲，又带有一种率性不羁。马术帽虽然源自一种贵族运动，却具有传统与优雅相结合的时尚精髓，这种精髓使它不仅适于搭配各种运动装，各类不同的时尚装扮在马术帽的配合和呼应下，也都能焕发出与众不同的气质和感觉。

最佳搭配 —— 黑色长靴

黑色马术帽搭配黑色长靴，会将帅气的感觉发挥到淋漓尽致。这种帅气，带有可以驯服一切野性的自信，相信是所有女人都不会拒绝的。

当我们戴着马术帽、脚踏黑色长靴时，这身装扮很可能会被人惊呼：“哇，你要去骑马吗！”这应该是对你最好的褒奖！的确是酷极了！

如果觉得这样的装扮显得过于强势，可以相应搭配一些纱质单品。比如，用一条纱质短裙搭配马术帽和长靴，既玲珑又不失气场，从骨子里散发出与众不同的味道。

不走寻常路

将马术帽帽檐朝后佩戴，是可爱又俏皮的叛逆戴法。

另外，在马术帽里戴一条包头丝巾，从马术帽下面隐约露出色彩缤纷的丝巾边缘，配合长发，一定会吸引旁人更多赞赏的目光！

Hat

宽檐帽

宽檐帽会将我们带到夏天的沙滩上。玛丽莲·梦露穿着沙滩装，戴着宽檐帽，在阳光下冲你神采飞扬地大笑，散发出无限的女人味。

宽檐帽也是近些年十分流行的帽款。现在的宽檐帽不仅仅适用于沙滩，也适合各类场合。冬天，淑女们会戴上大大的呢质宽檐帽，夏天则会是纬编款。宽檐帽是一款气质单品，夸张的帽檐充满罗曼蒂克的幻想，最适合那些爱做梦的浪漫女郎。

最佳搭配 —— 紧身 Leggings

我们经常在街拍中看到，戴宽檐帽的女孩穿着长长的及地长裙或宽宽的裙裤，这都是搭

配宽檐帽不会出错的好办法。我在这里推荐给大家的，是更突出帽子帅气的最佳搭配：宽檐帽加紧身 Leggings！

紧身 Leggings 配高跟长靴，上身穿宽松上衣，搭配宽檐帽，更添气质。大大的帽檐和紧紧收缩的腿部线条，都是极为夸张的展现，以这种极端对比塑造出都市女郎独立不羁的个性，又不失浪漫感。

此时的宽檐帽尽量选择最简洁的设计，以宽檐帽的夸张形状和纯粹的色泽取胜。比如，浅米色宽檐帽搭配丝巾款上衣，白色 Leggings，再加一双浅米色长靴 —— 非常帅！

提升亮点的戴法

将丝巾系在帽子上作为帽带，丝巾和发尾会随着身姿飘扬，是诗一般美好的画面。

将额头前面的帽檐，用一枚胸针别在帽顶，也是一种别致的戴法。

在 T 台后台中，年轻的模特们时常戴一顶轻松随意的堆堆帽，娇俏顽皮。堆堆帽其实是一种最普通的针织帽，只不过对时尚高度敏感的模特戴出了新的感觉而已。

这种堆堆帽凸显了帽子的另一种功能：可爱扮相。很多帽子设计会走可爱路线。

Hat

堆堆帽

比如时下流行的猫耳朵帽子、动物头帽子、带翅膀的帽子，都十分有趣。这类帽子虽说不能天天戴，但偶尔为之则会显露出女人的天真和灵性，这是我们天性中不可缺少的。

最佳搭配——男朋友夹克

酷酷的男朋友夹克，肥肥大大，包裹着娇小的身体，再加上软绵绵堆在头顶的堆堆帽，让女孩显得更加楚楚动人。夹克材质可以是皮质的，也可以是完全运动系，这是目前日系女孩非常流行的搭配方法。

这种搭配需要选择紧身的裤子或短裤，显露腿型，以收缩视觉。不要从头到脚一直堆下来才好！

不走寻常路

根据自己的脸型，将堆堆帽努力向后戴，露出额头和刘海儿，可以遮盖住耳朵，保暖的同时也显得十分有型。

自己动手，旧“帽”换新颜

偶尔将平时不太戴的耳钉别在帽子侧面。

nail

La

q

NO.12

纯色指甲油

Nail Lacquer

Nail Lacquer

纯色
指甲油

● **不拖泥带水的风格是永恒的。**

● **一双指甲修剪整齐、甲型美好、甲缘干净、皮肤白皙、涂着合时宜的漂亮指甲油的双手，会迅速提升别人对你的好感度。**

● **法式指甲更适合甲床长的女性。边缘的白色以1：4或1：5为宜，太长会显得不够优雅。**

我喜欢世间简单、单纯的事物。

世界上有两种美：简单的极致美和复杂的极致美。两种美都可以摄人心魄。

在生活中，想要体现出复杂的极致美，是很难的。复杂的极致美更多出现在舞台上，以艺术的形式展现出来。

所以，简约美一直是我在这本书中不停赘述的理论基础。

精致到手指头

女人是需要武装自己的。这种武装，是巨细靡遗的，武装到手指头、脚趾头。

我一直认为，手是女人身体最性感的部位之一。手代表我们的身份、地位，代表我们的个性、人生态度。手的精致与否，反映出一个女人对待自己的态度。

将美丽武装到牙齿，是一种充满了正能量的人生观。**一个女人，如果能够让身体的每一个细节都完美呈现，对于工作伙伴、亲朋密友、自己的爱人，乃至对于自己，都传达着强有力的正面信息。**

我自己的故事：两千元的手指美容代价。

在我刚进入时尚界上班的第一年，我就去 CBD 的一家著名美甲店办了会员卡。这张昂贵的会员卡花费了我整整两千元！这在当年可是一笔不菲的费用，尤其是对我这个初出茅庐的小姑娘而言。

当我带着漂亮的十个手指甲在密友间炫耀时，她们给我的反馈却都是：“两千元啊！你这个败家女！”面对大家的指责，我不由得心中也打起鼓来 —— 的确，十个尖尖的手指甲，竟然可以花费这么多钱！

然而，持续一段时间下来，我体会到这笔投资的宝贵。精致整洁、简单漂亮的手指为我带来的愉悦和赞赏的目光，是远远大于最初的那一笔小小投资的，更何况这个细节对于我事

Nail Lacquer

业的帮助、给客户留下的良好印象，都是不能以金钱衡量的。

对于一个女人而言，对自己小小的投资，往往会带来巨大的回报。这个回报，有时是立刻见效的，有时则是点滴积累、潜移默化的力量。

不要小看十个不到一平方厘米的面积。小小方寸之地为你带来的信心、帮助，可以是无限大的广阔天空。

女人的优越在于双手

作为女人，我们非常珍视自己的脸，却经常忽略我们的第二张脸 —— 双手。

一双手可以透露很多关于我们的细节。

一双保养得当的手，表明她的主人是一个细心的、在乎生活细节的、会照顾自己的女人。而仅仅是面部精致，双手却很粗糙，表明手的主人是一个只做表面文章、爱慕虚荣、内心毫无品质的女人。

有很多优秀的女性，即使在年老的时候，双手也十分精致、优美。我们不能抹去岁月的痕迹，但如果精心呵护，双手的优雅不会随着时间的流逝而丧失，反而会增添更丰富的肢体表情。

呵护你的双手

1. 手部的肌肤皮脂腺较少，再加上经常清洗，会造成油脂和水分的缺失，护手霜就显得尤为重要。

2. 手部肌肤的角质层较为发达，易生死皮，厚厚的死皮会阻止皮肤吸收润肤霜，很难达到滋润的效果。定期去除死皮，并配合手膜养护，才能将营养真正输送到肌肤底层，一定要坚持保养。

3. 碱性清洁剂对肌肤的伤害是巨大的。在做家务时，请及时戴上橡胶手套。

4. 蜂蜜、食用醋、柠檬、红糖、香蕉对于手部肌肤有着非常好的滋润效果，除了食用之外，也可以自己制作手膜。

5. 指甲是骨骼的延续，同样需要均衡的营养，多摄入蛋白质和维生素可以帮助指甲保持强韧健康。

6. 如果指甲特别干燥易断，可以在每晚睡觉前使用护甲油滋润甲面，在指甲的半月形部位涂抹营养霜。

7. 在涂指甲油之前，一定先使用基底油。基底油可以保护指甲不受指甲油内化学成分的腐蚀，这一步非常重要。

8. 注意指甲油的保质期。指甲油的保质期通常为 12 个月。无论在美甲店还是自己 DIY，当发现指甲油质地变得厚重、结块、不易涂抹均匀时，就表示已经变质，不要再继续使用。

9. 改掉咬指甲的坏习惯!

Nail Lacquer

什么是纯色指甲油

单纯的颜色、淡淡的银色、法式指甲这类简约、具有装饰性的美甲设计，以及淡淡的一层亮油以便露出纯粹的指甲颜色，这都属于我所说的纯色指甲油范畴。

纯色指甲油是简单的。简单得就像是手中的糖果，单纯、甜蜜，就已经足够，没有过多的花哨。

颜色具有神奇的魔力，能够让我们产生不同的感受，带来因人而异的情绪差异，这就是“色彩能量”。我们可以将平时不敢穿在身上的喜爱的色彩，尽情地穿在指甲上。玩颜色的精髓，在于丰富的想象力，将色彩的语言，在一厘米见方的指尖上表达出来。

裸色

裸色是最接近我们肤色的色彩。裸粉色和裸金色一直是 Office Lady 最喜爱的指甲装饰色，性感、不张扬。裸色指甲油消除了指甲和手指皮肤的界限，可以在视觉上使手指变得修长，显得洁净、精致、都市感十足，最近流行的粉底液款裸色指甲油非常适合具有成熟气质的职业女性。

蓝绿色

蓝色和绿色，以及一切与大自然相关的这类色彩，是近几年时尚秀场的大爱。这或许是来自人们越来越渴望回归到自然怀抱的愿望。

你的口红颜色

你的口红是什么颜色？淡粉色、蔷薇色、大红色、棕色、卡其色？用指甲的颜色与口红的颜色相搭配，是最和谐、最不会出错的选择。

权力女性比较适合淡雅的色彩

我曾为一位身份显赫的女士做造型。根据她的身份和气质，我建议她去做法式指甲。当我再见到她时，她对我说："现在如果我没做指甲，就好像没穿衣服一样。"我觉得她说得很精彩。

法式指甲也属于纯色甲油的一种。那一点点纯白色加上纯纯的指甲的颜色，对于身在高位的女性，是非常适宜的。

权力女性在造型时，需要使用更高级别的造型法则，一定要更加清淡、简洁，再搭配不具攻击性的颜色和形式。可以想象，如果一个身居高位的女人涂着十个鲜红色的指甲，穿着尖尖的高

407 N
Gris Angora

300 M
Rose Plumetis

220 M
Jolis Matins

Nail Lacquer

跟鞋，坐在老板桌后，以强有力的姿态和大家开会，那将是什么情景！那尖利的红色一定会像剑一样，刺向任何她所指的地方，这不是一个好的画面 —— 这就是失败的造型造成的灾难。

不建议做的事

我不建议大家将指甲做成完全的艺术品。

前些年盛行的令人眼花缭乱的花式美甲，使我们的双手失去了基本功能，带着那样繁复的美，我们无法用手指敲击键盘、拿文件，无法正常开车、抚摸孩子娇嫩的脸，甚至连吃饭都成了一个麻烦的问题。这种不实用的美，使双手变成了博人眼球的东西，变成了陈列品。

精致在于细节，沉下去，越沉越好，沉在你自己里面，成为你的一部分，这才是我一直所主张的造型理念。

一个人在整体造型上，一定要突出风格。风格是我们的气质带给别人的感觉，而绝非十个突出的手指甲，或一枚戒指，或一件衣服。这种突出，只是一件物品，而非整个人的气场。每个女人要真正让人看到的是，通过与众不同的气场，折射出的自己的内心。

指甲油与衣服搭配的顺色法和撞色法

美丽的指甲和漂亮的戒指、美丽的手镯、合体的衣服，是可以呼应搭配的。指甲的颜色一定要和衣服搭配。用最单纯的纯色，搭配出最适合自己的风格。比如，一身蓝色的衣服，可以涂和衣服同色系的指甲油，选择比衣服的蓝色深一度或浅一度的颜色；也可以涂撞色系的指甲油来形成对比，比如，一身蓝色搭配醒目的红色指甲油，这就使红色的指甲变成了一种配饰，这也符合我们通常所说的1 ：9搭配法则。这种呼应的对比，可以显示出女性强大的自信心和品位感。

细节取胜

如果觉得完全纯色太过单调，可以尝试小范围的变化。比如，十个手指甲用两种颜色搭配起来，形成层次感。或者用更多颜色搭配，五种颜色或十种颜色都是可以的。或者，十个手指，有一个或两个带有小小的装饰。这是别人可以看到的精致，而不是被眼前的花团锦簇迷了眼。

将重点沉淀在越小的部位，越能凸显细节的重要。这也是小小的纯色指甲油可以在这本书中单成一章的原因。

1 白色从来都是我钟爱的颜色。白色用在手指上，也绝对不会逊色。模特手指的白色甲油，和全身配饰——腕表、小包、球鞋的颜色完美呼应，而唇色则与T恤上的花朵图案呼应，虽然只是一身简单的行头，也非常抢眼、不凡。

1 模特的白色甲油延续了上装白色的花朵，仿佛花瓣纷纷飘落到手指上，在细节中显示出搭配功力。

Nail Lacquer

习惯于低调色彩服饰的淑女，可以在手指上尝试使用大胆的色彩以配合装束。在细节上吐露个性和心思。

明亮的绿色延续了裙装上的孔雀绿斑纹，手拿包上的一抹橙色，也与服装形成呼应。虽然是一身强烈跳跃的色彩，也因和谐的呼应感而美不胜收、毫不凌乱。

可以尝试自己喜欢的、但在服装搭配时不敢尝试的鲜艳色彩

当身材不太完美时，我们通常不会去尝试亮色、荧光色的服装，但我们可以将这些喜爱的颜色穿在指甲上，一样会为自己带来好心情。

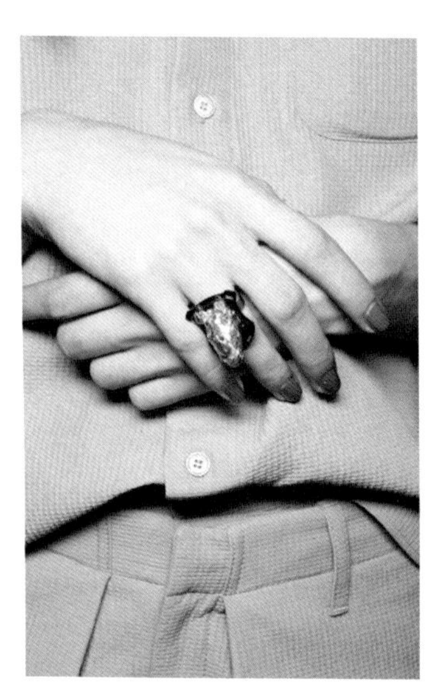

与配饰产生呼应

指甲的颜色还可以与佩戴的饰品产生呼应，以协调的顺色法或醒目的撞色法为主要搭配法则。另外，指甲颜色还可以与手机外壳、腰带、包包相呼应，这都是搭配时可以考虑到的细节。

我喜欢在纯色甲油上产生一种节奏，用两种和谐的色调搭配起来，产生色彩的韵律美感。这次，淡绿色和粉紫色也同样与我的丝巾腰带产生撞色和呼应，凸显了一种女性特有的柔美。

Larg

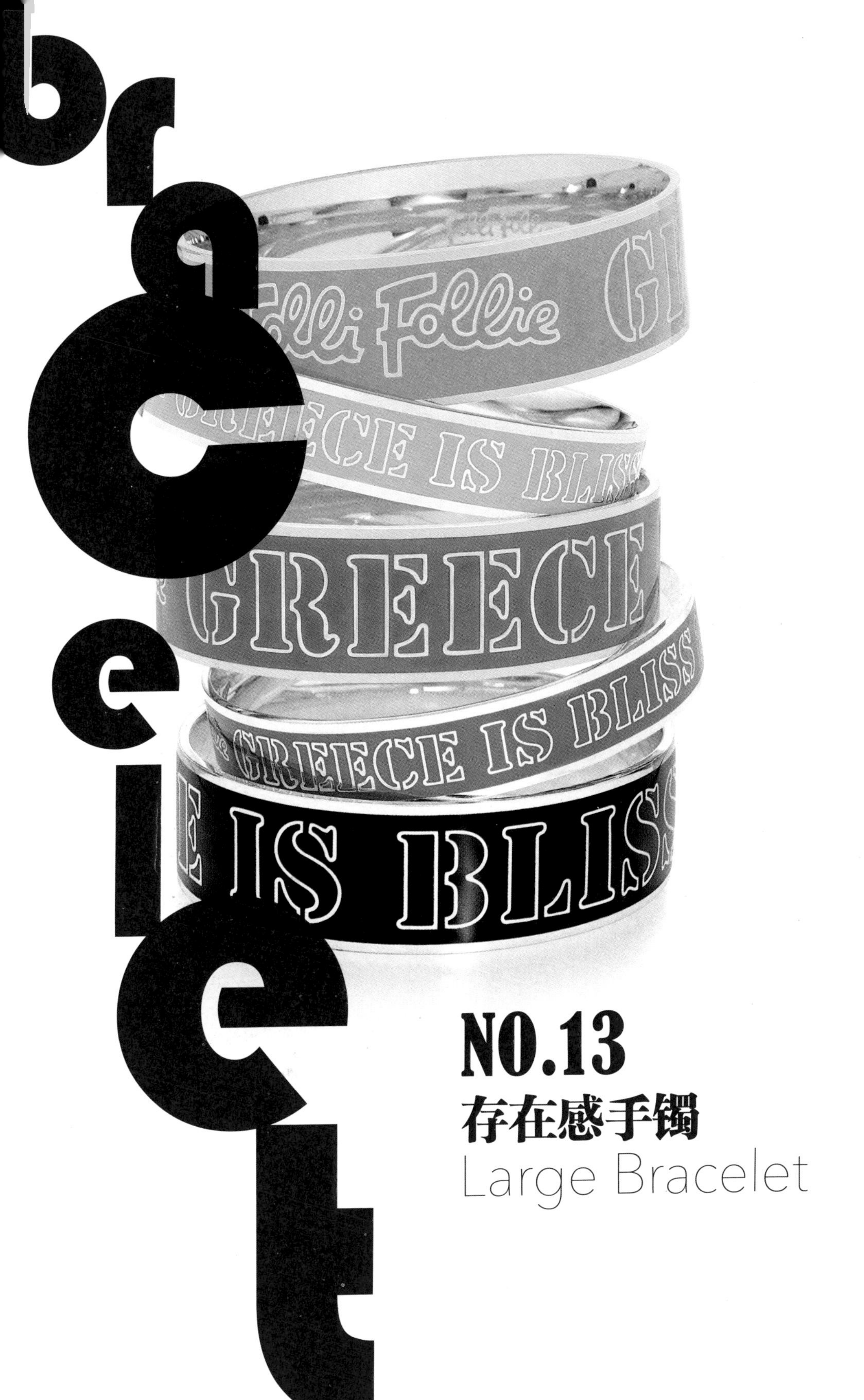

NO.13
存在感手镯
Large Bracelet

Large Bracelet

存在感

手镯

● 存在感手镯是树立个人风格和标签的最佳配饰单品。

● 存在感手镯不像玉镯那样承载着过多的内涵，它只是单纯地表达：这就是我，这就是我的风格。

● 存在感手镯的材质可以是金银珠宝，也可以是树脂有机玻璃，无论什么都好，只要它足够吸引人，就可以停驻在你的手腕上。

● 存在感大手镯也可以多个混搭佩戴，只要你愿意，可以从手腕一直戴到小臂！

要 in，不要 out

这是个不甘平庸的年代。

网络、社交媒介成为人们生活的一部分。一切配饰都以华丽、绚烂为主，配合人们迫不及待的表达欲和希望自己与众不同的情绪。今天的设计改变了以往首饰固有的轮廓、外形和风格，以确保我们在佩戴时，一定不会被旁人所忽视。人们可以只穿一件简单的衣服，而佩戴着繁复、精致的饰物，以突显自己的品质感和存在感。

在哲学范畴中，存在感就是 in。

In，就是参与感、入流，在时尚界，in 也代表着符合潮流、时髦。

《第一财经周刊》的文章曾经指出：存在感指数，是人们在群体生活中自我的认同感和参与度，是衡量一个人让人无法忽视的程度指数。认同包含了来自于别人和自我的认同，至于参与度，就是要“I am in”，这可能是“in”朋友圈，或是某次聚会，也可能是“in”公司、职场，甚至“in”整个人生。

《纽约时报》专栏作家 David Brooks 认为，根据思考人生的方式不同，人生可以被分为两种：精心策划的人生和被召唤的人生。

我们要做精心策划自己人生的女人。一个有积极参与感的女人，一个 in 人生的而非被 out 出局的女人。

宽大的存在感手镯使邻家女孩装扮显得出类拔萃、与众不同！

Large Bracelet

存在感：不被忽视

存在感女人是能够让人们的视线驻留的。

存在感配饰也是如此。

层叠的珍珠项链和超大的存在感手镯，都是时尚先锋香奈儿女士所钟爱的。

早在 20 世纪 30 年代，她就佩戴着这两样今天时髦无比的配件，出现在每一张经典的黑白照片中。层叠的珍珠项链将她纤细修长的优美身姿点缀得既华贵优雅又独立时髦，宽大的手镯衬托她纤细瘦长的小臂和手腕，与她经典的黑色紧身上衣相得益彰。

夸张而极具建筑风格的存在感手镯令人惊叹，为佩戴者增添强大的气场，极具说服力。

我是一个喜欢大件首饰的人。

黑色、金色、彩色，巨大的有设计感的、简洁的、圆润的或直线条的配饰，一直是我的心头好。尤其是手镯。当一个优雅的女人身穿一件简洁的小黑裙，将许多个彩色宝石镶嵌的手镯叠加在一起形成缤纷的色彩，从手腕一直佩戴到小臂 —— 极度衬托气场。

即使是最简单的服装，也可以被这些夸张的配饰凸显得极有味道。

存在感：记忆的体积

在日常生活中，我十分推崇大项链、大耳环，以及类似这种有装饰感的饰物。这类配饰单品就像雕塑、建筑、艺术品，看似简单，却有最具心机的几何、结构设计。

而最简单、最凸显装饰感的，是大手镯。

很多年前，当我还在做杂志编辑时，有一次去香港出差。在一个晚宴上，我遇到托德斯（Tod’s）的公关，她是一名极其优雅的女性，身穿黑色裙装，纤细的手腕上戴着一只巨大的手镯，一头波浪长发，除此之外不再有任何其他装饰。恰巧那一天，我也戴着一只大手镯。于是，我们两个便以手镯为话题，开始了非常愉快的沟通，最终发现彼此的喜好、审美都十分相似。

这只大手镯令我记忆犹新。

这次愉快的谈话也成为我职场生涯中重要的片段。大手镯能够让一个安静的女人突然间变得十分鲜活、有型，成为一个具有立体感的形象，这个形象，会一直保留在我们的记忆当中。

事实上，夸张的手镯可以将女性衬托得更加纤细、更加优雅。

Large Bracelet

存在感：单纯表达

我十分喜欢的搭配方式是：一件式裙装，手上戴一只大手镯。

这是我平日最快速出门的方法。

存在感大手镯具有足够的体积感、品质感、设计感，足够抓人眼球。它能够吸引来的目光和被证明的存在，强于其他所有配饰。有这一点，就足够了。还需要什么多余的繁复表达呢？

存在感大手镯的与众不同，是现代女性对于自身价值敢于表露的时尚符号。

我喜欢大，这个大的概念，是体积上的艺术夸张，而非大钻石、大珍珠那般奢侈。**让首饰脱离它昂贵的属性，而只是凸显它的装饰性。这就是所谓的时尚配饰，是有存在感的首饰最大的含义。**

时尚配饰彰显一种独特的设计感和装饰性，目的极其单纯。这种单纯性与传统饰物有着极大的区别，不像一只传统的玉镯，带有人们赋予的诸多特殊含义；也绝非高级珠宝那般的华丽，是财富、身份和地位的比拼。

一只存在感大手镯带给我们的更多的是一种时髦、设计感。

这种存在感，彰显的是精神上的强大。

戴上它很好看 —— 这就是我。

巴洛克和未来主义

巴洛克——不规则的珍珠

巴洛克（Baroque）是代表欧洲中世纪文化的典型的艺术风格，巴洛克这个词，最早来源于葡萄牙语 Barroco，意思是“不规则的珍珠”。

古典巴洛克艺术风格强调作品的空间感、立体感和艺术形式的综合手段，吸收了戏剧性、音乐领域的浪漫因素和想象力。巴洛克是一种激情的艺术，打破理性的宁静与和谐，具有浓郁的浪漫主义色彩。

巴洛克风格一直是香奈儿钟爱的艺术主题。在香奈儿本人统治巴黎时尚界时期，她就用诸多天然元素，如珍珠、贝壳、卵石、海马打造出如巴洛克时期油画作品般奢华闪耀的独特配饰。她所信任的意大利珠宝设计师佛杜拉公爵（Fulco di Verdura），为她制作了许多具有存在感的传世经典，这些配饰充满了中世纪和奔放不羁的风格，使用了巧妙的“混搭”手法，如使用真正的贝壳在上面镶嵌宝石，将宝石最可贵的浪漫本质发挥到极致。

巴洛克风格，也是近年来存在感配饰的主要风格之一。

1

具有浮雕风格的巴洛克镶嵌感手镯，代表了女性对于华美的终极梦想。两只具有相同风格的华丽大手镯叠加，搭配极低调的一身黑色，彰显卓尔不凡的气质。

Large Bracelet

几何、建筑、波普撞色是未来主义设计的最打眼的特征，也是时髦女郎的最爱。

“宏伟的世界获得了一种新的美——速度美。”

——《未来主义宣言》

在 20 世纪初期形成的未来主义哲学和艺术思潮，主张用钢铁、玻璃和布料代替砖、石和木材来取得最理想的光线和空间；废除色彩暗淡、线条呆板的服饰，代之以色彩鲜明、线条富有运动感的新服饰。

这个理论，也一直被时尚界的前卫设计师所践行。比如，安普里奥·阿玛尼（Emporio Armani）在 2012 年春夏系列发布会上的透明宽手镯，强调材质感、几何形状，以现代材质代替传统珠宝材质，就是未来主义风格最好的演示。

极简设计也是未来主义风格的特征之一。极简风格配饰设计更加注重材质本身的物理

日本版 Vogue 时装总监 Anna Dello Russo 一向奉行抢眼才是王道。夸张的存在感手镯是她的出街神器。

属性，具有精致的线条感或原始的金属质感，突出体积和切割的流畅设计，看似冰冷却极具装饰性和佩戴的舒适感，深受都市精英女性的喜爱。

存在感：社交单品

要知道，手镯是一个话题的引导者。我经常会遇到这样的情形 ——

“你的手镯真漂亮！”

“谢谢，我也很喜欢它。我觉得它很适合我，戴起来也很方便。”

“的确，显得你的手很白、很纤细。虽然看起来这么大！我从未戴过这么大的手镯！”

“你戴也会很好看啊，来，试试看！”

“哇，真的是！真不错！在哪里买的？我也去买一只。”

这种如闺蜜般和谐甜蜜的话题，在女人之间是非常贴心的。当我们把自己的首饰摘下来给对方试戴时，我们就交换了一个女人之间的小秘密。这种交换情绪、交换美丽的方式，会感染世界上任何一个女人，亲切、私密、自由、分享、快乐。

大手镯就是这种交换美丽的道具，轻易、简单。你当然不可能轻易地将自己的耳环、项链、戒指等配饰摘下来给对方试戴。大手镯却可以。不是吗？

Large Bracelet

存在感手镯的材质和类型

金属类

虽然非传统材质在现代时尚配饰设计中运用得越来越多，但金属依然还是难以动摇的材质首选，金属的光泽感、可塑性和与珠宝混搭的色彩对比感，是其他材质难以比拟的。在强调存在感的设计中，金属材质手镯体积更大但更为精细，通过雕琢，大块的金属也能展现出丰富的层次，更加诱人。

与大块金属相反，无数个极细的金属细手镯叠加，在手腕间堆积出大面积的金属色泽，也能创造出独特的气势。

镶嵌类

在金属或树脂基座上镶嵌彩色宝石类的存在感大手镯，也是十分夺目的。近年来各大珠宝品牌也相继推出多款宝石镶嵌类饰物。当金色与大颗的色彩斑斓的五彩宝石相遇，是异常养眼的，就像童话故事中皇后的王冠一样华美，相信没有几个女人能够抵挡住这样的诱惑。

皮质

厚厚的、具有强烈质感的皮质手镯，具有淳

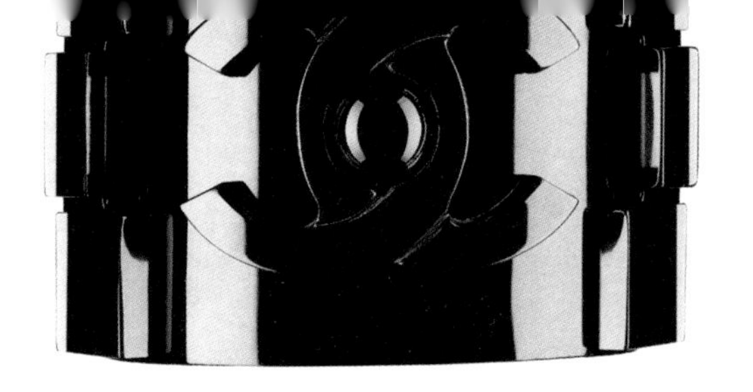

朴、野性的原始之风。天然的材质与天然的色泽能够将女性柔美的肌肤和纤细的手腕衬托得更加楚楚动人，非常适合特立独行的女性。

蕾丝镂空型

以金属打造的精致蕾丝镂空手镯，兼具蕾丝的柔美和金属的华贵，以掐丝、雕花与镂空的工艺，将金属的装饰之美发挥到极致。金属蕾丝镂空配饰也是近年来很多大牌相继推出的设计款式，比如宝缇嘉推出的黑色金属蕾丝镂空项链，极富个性和暗黑艺术气息。华丽的金属蕾丝镂空大手镯，具有面积感，适合搭配极简的整身造型，比如简洁的白衬衫、小黑裙或小白裙，以及高雅简洁的晚礼服。

建筑感风格

棱角分明的几何形切割，不同色彩或相同色彩的大块素材的叠加，打造出具有建筑风格的大手镯。这类手镯多采用树脂类现代材质，具有强烈的装饰性。

透明质感

如水晶般剔透的几何圆环，点缀以零星的金属配件，透明的材质可以反射出皮肤柔美的色泽，晶莹剔透，宽大的造型又不失气场。这类透明质感的宽手镯非常适宜搭配简洁的白色衣裙，显示出女性的纯真。

Large bracelet

佩戴法则：极简

存在感大手镯不是为那些想要显得琳琅满目、华丽富贵的女人设计的。大手镯的主人，一定是那些内心笃定、了解自己的喜好、清楚自己想要什么且有着强烈美感的女人。这样的女郎可能全身上下除了存在感大手镯和红唇之外毫无其他配饰，但她所散发出的气息，丝毫不比戴着一枚3克拉钻石差。

每一个选择存在感手镯的女郎，都有自己独到的眼光和审美需求。当你为一只存在感大手镯怦然心动时，内心一定早已知道该如何佩戴它。

存在感手镯显露出手部与手镯的呼应，在佩戴时，一定要保养好自己的双手。保持手部肤色的润滑、白皙、健康，指甲修剪出漂亮的形状，涂着合适的指甲油，显露出品质感和美感。

体积感大的手镯，会将原本十分纤细的女孩手腕衬托得更为纤细，这是对比法则带来的视觉魔法。同理，黑色或金属类的手镯，会让手腕皮肤显得更加白皙。

我为何喜欢大的配饰？通过对比法则，大配饰可以令女孩显得更加纤细优美，更具女人味。

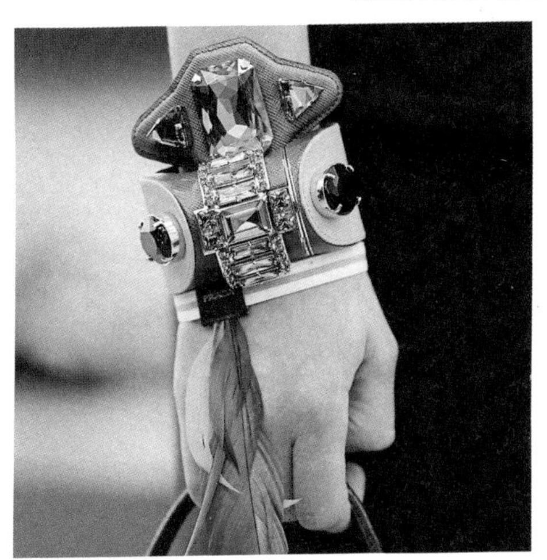

THALÉ
BLANC

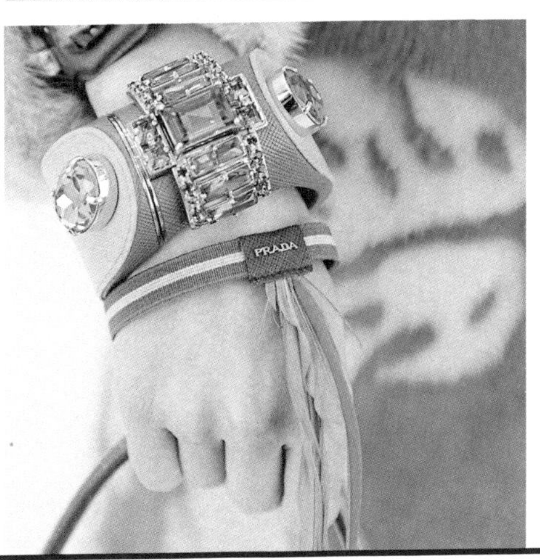
PRADA

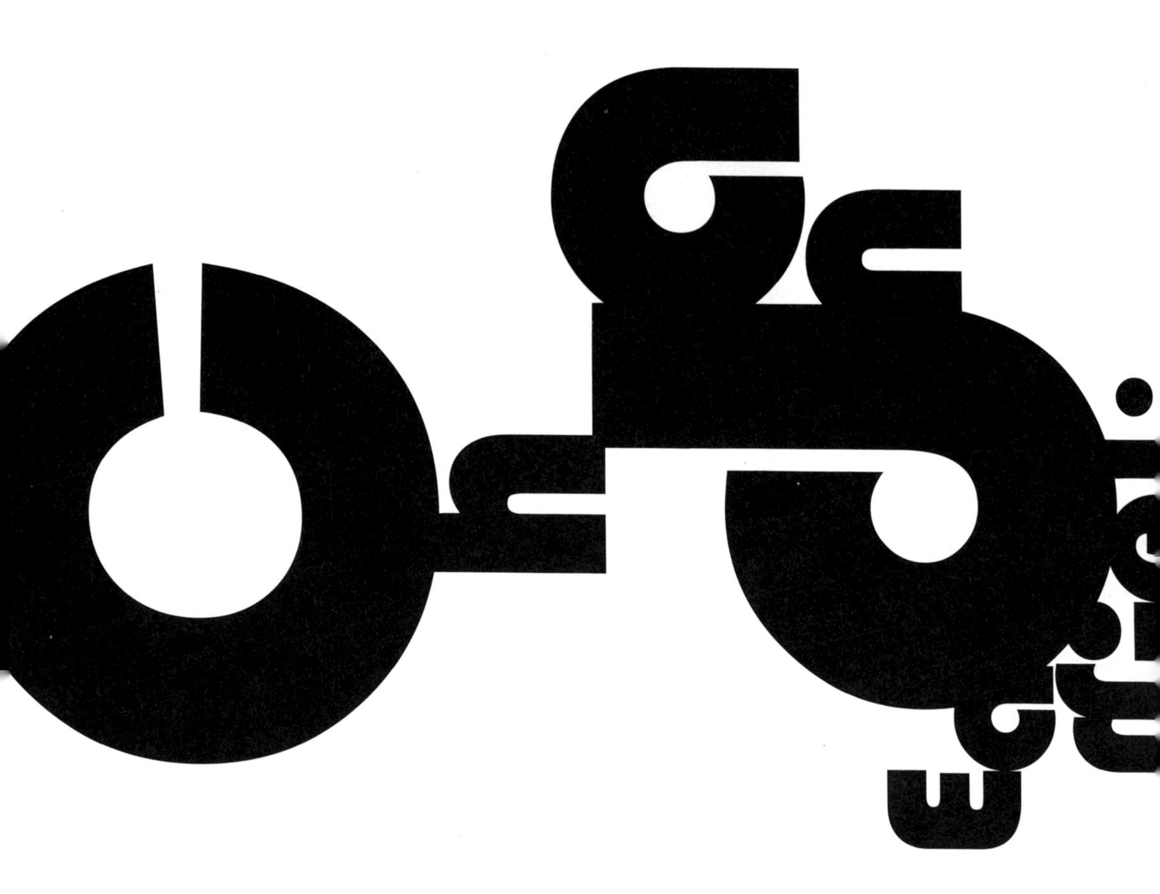

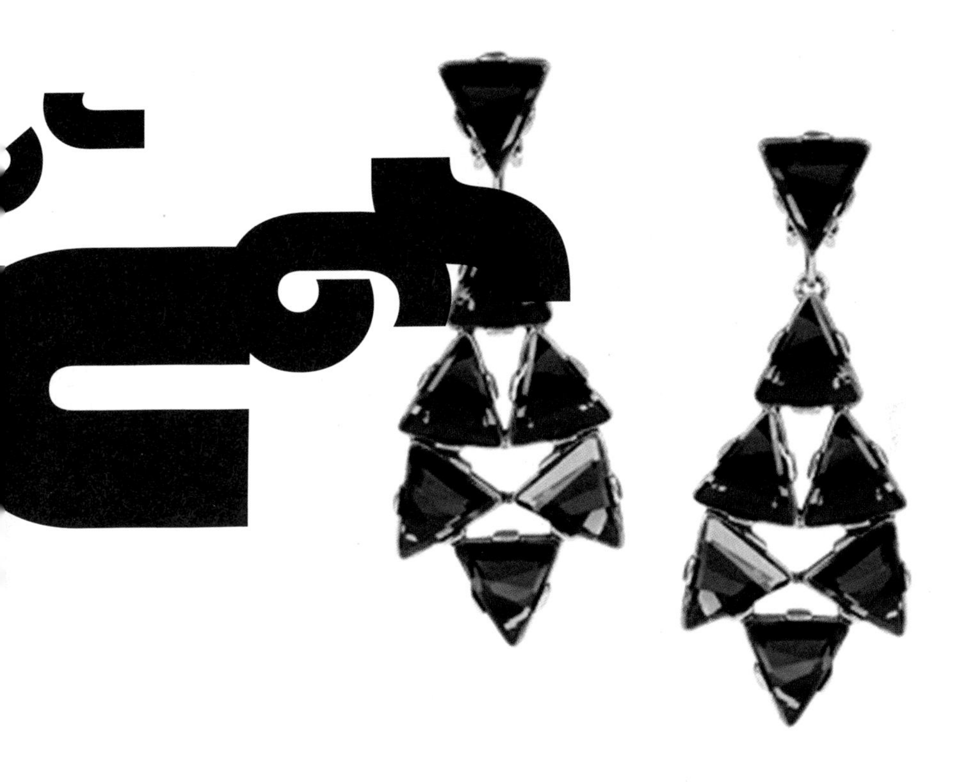

NO.14

吊灯耳环

Chandelier Earrings

Chandelier Earrings

吊灯
耳环

● **吊灯耳环是可以让你一下子全盘扳回局面的饰物。**

● **吊灯耳环应该是你包包中的常备品。**

● **吊灯耳环应与鲜艳的口红形影不离。**

● **在生活中，佩戴一对大吊灯耳环已经足以吸引人们的视线，其他配饰可以相应减少甚至省略。**

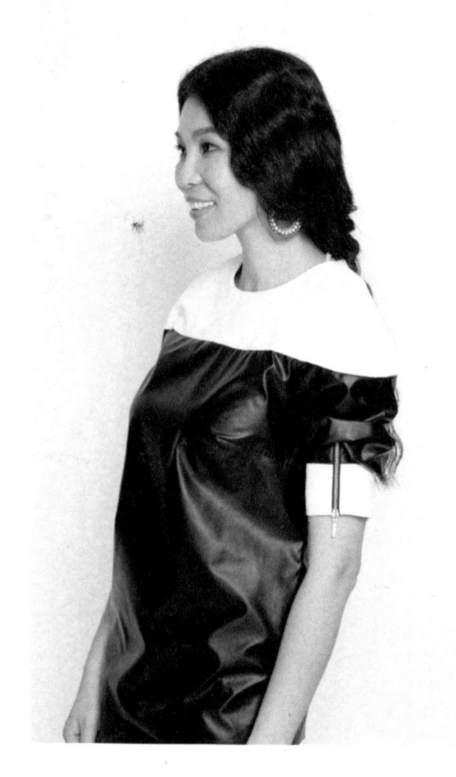

华丽的耳环，浪漫而奔放，充满个性，摩登而现代，独具风情。

很多追求个性释放、追求自我风格的女性朋友都非常钟爱大吊灯耳环。

吊灯耳环，一直都是耳环家族中最具重量级的角色。顾名思义，吊灯耳环就像华丽的古典吊灯一般，

华丽、造型感是吊灯耳环的共性。你也会对它一见钟情，不是吗？！

带有复杂的枝形、叮呤当啷的吊坠、镶嵌着闪亮珠宝，具有强烈的设计感、复杂感和奢华感，充满女性化的魅力。

吊灯耳环是复古的，充满洛可可风格的奢华、装饰与享乐。

在杜嘉班纳 2013 年秋冬的成衣发布会中，大吊灯耳环成为整个秀场绝对的主角。奢华、繁复，具有强大的气场。令人爱不释手！

吊灯耳环让我看到了一个热情的、性感的、外表精致时髦、内心神秘高贵的女性形象。接着，可以联想到她的外延：应该是一抹红唇、一头波浪长发、一身有廓形感的服装、一双冷艳的高跟鞋……

从吊灯耳环开始，可以让我们联想起所有最具女人味的单品和元素，然后将之一一对应、完美契合。

Dolce & Gabba 是如此钟爱吊灯耳环！在 2013 年冬季秀场上，神秘的女人们戴着华丽的十字架吊灯耳环，充满哥特风格的神圣与奢靡，美艳不可方物。

Chandelier Earrings

对于现代时髦女郎来说，常备一些大件的饰物绝对不会失手！

在你的包中常备一对吊灯耳环

吊灯耳环是时尚大片拍摄中出现最多的、最具装饰性、最出效果的道具。它是做造型、拍大片时的秘密武器。吊灯耳环具有很多特质：

——吸引人的目光。

——有足够的存在感和戏剧性。

通常情况下，我可以整身什么都不戴，只要一对吊灯耳环就足够了。

——人人都可以用，提升气场，增加女人味。

因此，吊灯耳环也是拯救气氛的最佳单品。

我给很多女性朋友做造型顾问时，时常会遇到这类问题：

“我经常要从办公室直接去参加某个比较重要的活动。但职业装总是很平庸，没有什么出挑的装饰。怎样才能通过不太复杂的变化在活动中穿出一些气氛呢？”

——通常，我会推荐她们佩戴一副吊灯耳环。

在办公室中，穿着职业连身裙，如果想要瞬间变化，参加派对，只需在包包中装一管口红、一对吊灯耳环，就 OK 了。这两样百搭单品可以在一分钟内让你有彻头彻尾的改变！从一个亲切的办公室女郎即刻变为具有华丽女人味的高贵女性。

因此，成功的职业女性的包包中，应该常备一对漂亮的、自己钟爱的吊灯耳环。它是帮助你瞬间增添气氛的最佳道具。

闪耀、再闪耀！对于 J.Lo 来说，只有吊灯耳环才能配得上她自身的闪耀！

詹妮弗·洛佩兹的大女人法则

拉丁天后詹妮弗·洛佩兹（Jennifer Lopez）是我心目中最完美演绎大吊灯耳环的女人。

人们一提起洛佩兹，就会想到她棕色的皮肤、棕色的长发、棕色的眼眸、完美的体态和世界上最昂贵的臀部。的确如此，这位了不起的大女人一向钟爱适合她气质和风格的热辣之风，包括她的做事风格和处世态度。

洛佩兹从不惧怕奢华和出风头。她是“十大片酬女星”和“最有权力女演员”之一，是最早拥有以自己名字命名的香水的女明星，她还拥有自己的服装品牌 J.Lo by Jennifer 以及 Just Sweet；她是全世界最“昂贵”的女人，她为自己的身体包括胸部、臀部、眼睛等各部位投保金额超过 16 亿美元；除此之外，她还拥有自己的电影制作公司、两任丈夫和两个孩子。现在，44 岁的洛佩兹在与 26 岁的男友谈恋爱，她相信自己可以永远保持 25 岁的活力。

多年前，洛佩兹佩戴着专门为她定制的钻石大吊灯耳环出席奥斯卡颁奖典礼，一袭印度造型将她黝黑的肌肤衬托得像一个女神，笑容和热力看起来和今天的她毫无二致。

大女人总是热爱大首饰。当年，本·阿弗莱克（Ben Affleck）与她热恋时，送她的粉钻戒指也重达 6 克拉。大耳环、大项链、大戒指，所有的这一切，都与洛佩兹自身融为一体。

当有人指责她的奢侈、她的傲慢、她的屁股太大时，她说：

“我就是我，不需要任何人来评判！”

Chandelier Earrings

吊灯耳环是属于自信女人的饰品

当我戴着一对吊灯耳环，它的搭档可能就是一枚最简单的戒指；或者，nothing，只是耳环，就足够了，需要增加的只是自己的自信：自信的眼神，顾盼自如的气质。

想象一下，在一个 Party 中间，一位身穿黑色简洁连衣裙的女子，戴着一对华丽的闪着光芒的吊灯大耳环，回眸顾盼……相信这幅画面会在所有人心中留下深刻的印象。

在穿衣造型时，我们一再提及的“重点在哪儿”，就是要我们必须回避那种从头到脚都是重点的做法。全是重点，就会丧失重点。当所有东西都想表达，反而不会给人留下深刻印象。

可能只是最简单的一件针织开衫，一条锥筒裤，一对大吊灯耳环。一切都是最简单的、最自然的。当我们只把吊灯耳环当作重点，让它去表达我们所有的观念、态度、立场，表达我们的品位、精致，说出我们想说的话，就已经告诉了大家：我是一个怎样的女人。

吊灯耳环的华丽是衬托气质的。佩戴吊灯耳环的女孩可以少言寡语，可以表情冷峻，只需要大耳环与你的眼眸交相辉映就足够了。

经典女人味

吊灯耳环和所有有女人味的单品都是绝好的搭档。

吊灯耳环 + 蕾丝

吊灯耳环与蕾丝上衣、蕾丝裙是绝配。耳环的繁复枝形和蕾丝精美的钩花、若隐若现的纹理，形成完美的呼应和契合。二者搭配是极致中的极致、女人味的双重叠加。

吊灯耳环 + 能够凸显身体曲线的包身裙

吊灯耳环的体积感，与包身裙的收缩感形成对比，夸张而具有戏剧性。你能想象到什么呢？卡门，还是艾丝美拉达？热情似火，艳丽而又神秘。

吊灯耳环 + 飘逸的真丝、雪纺长裙

吊灯耳环和古典长裙，是不折不扣的一对双生姐妹。

华丽的吊灯耳环富于体积感、戏剧性，沉甸甸地完美映衬飘逸长裙造成的纤长体态，再加上二者都具有古典的隆重与华丽，是 T 台和红毯制造女神的不二之选。

吊灯耳环 + 闪耀面料

吊灯耳环的繁复感与时装的华丽光泽相映成趣。同样是 bling bling 的效果，闪缎织物光滑细腻、柔软可延伸，而吊灯耳环反射着面料的光泽、质感、坚硬、贵重，相反相成、彼此成全。

吊灯耳环 + 高跟鞋

在某些方面，吊灯耳环和高跟鞋有着相同的功用性 —— 拉长局部线条。吊灯耳环可以令脸下颌和脖颈之间的线条变得纤长优美，而高跟鞋呢，毋庸置疑有着拉长小腿线条、勾勒腰臀曲线的作用，两者合作，令摇曳的女性身姿更加优美动人。

吊灯耳环 + 烟熏眼、长睫毛、红唇

吊灯耳环可以配合极致女人味的妆容 —— 长发、浓眉、烟熏眼、美丽的指甲油等等。在凸显华丽妆容的同时，衣着方面当然要谨守“少即是多”的原则，小黑裙、小白裙都是永恒的选择，突出配饰方面的女人味即可，切勿添油加醋。

吊灯耳环 + 漂亮醒目的指甲油

华丽的吊灯耳环与亮色指甲油搭配，在色彩上起到点与点之间的呼应作用，在手指的灵动和小小的细节中勾勒出跳跃的美感，让人们不经意一瞥，看到你别具心思的美好。

然而，吊灯耳环不只是这些……

突破常规

想要更加出挑、更有造型感和戏剧性，吊灯耳环还可以与中性服装达成形象上的中和。

想象之一：

一个留着短短的小男孩式发型的女子，脸颊边装饰着一对大吊灯耳环——这种风情是被无限放大的。

想象之二：

一个身穿机车皮衣、瘦腿牛仔裤、细高跟鞋的酷女郎，搭配与全身黑色调相统一的黑色吊灯耳环，女人味立刻被放大到极致。

想象之三：

一件商务谈判时都可以穿的传统刻板的灰色连衣裙，将头发梳得干干净净，完全盘起，搭配一对闪耀的大吊灯耳环……

一对耳环能够立刻改变女人原有的形象。

Chandelier Earrings

佩戴法则

这就是吊灯耳环的魅力。

1. 突出五官。

吊灯耳环在修饰脸型方面有立竿见影的效果。它是在第一视觉三角区中跳脱出来抢眼球的配饰。大大的晃动的体积感可以突出我们的五官，具有强烈的功效性。

2. 不适合宽脸型。

然而，吊灯耳环并不适合脸型特别宽的女士。这是因为这对夸张的耳环会将人们的视线过分集中在腮部，会更加凸显宽脸型。

3. 选择高品质的款式。

一定要选择那些有品质感的款式，如果是珠宝类型，请选择有良好口碑的品牌产品。闪钻类、彩色宝石类都是最佳选择。吊灯耳环最好是闪亮的，才能随身姿摇曳生辉，突出华丽的装饰感。

4. 注意耳部肌肤的保养。

为外耳廓保湿；为耳朵涂抹防晒霜；将营养霜涂抹在耳朵背后的肌肤上；沐浴、护肤和睡觉时，一定记得摘下耳环。

Canv

NO.15
帆布鞋
Canvas Shoes

Canvas Shoes

帆布鞋

● 帆布鞋诞生于第一次世界大战之后。战后的萧条使便宜的帆布和橡胶成就了世界上最早的帆布鞋。经久耐磨、造价低廉使帆布鞋得到了广泛的传播。

● 世界上第一双品牌帆布鞋是由匡威 (Converse) 公司于 1917 年正式推出的全明星（ALL STAR）帆布鞋。

● 帆布鞋集复古、流行、环保于一身，是美国文化的精神象征，却随着英伦摇滚乐得到更广泛的传播。帆布鞋随心所欲、自由自在的穿着形态受到全世界年轻人的喜爱。

● 今天的帆布鞋不仅仅使用帆布作为原料，皮质、麂皮、丹宁布、灯芯绒布等等新材质都广泛应用于帆布鞋款中。

穿行在欧洲的大街小巷，会被各种脚踩帆布鞋的年轻姑娘们所吸引。帆布鞋是一种文化，一种姿态，也是年轻状态的象征。

高跟鞋女人是花，必须绽放；帆布鞋女孩是一片草坪，接地气，脚踏实地。

高跟鞋女人是女战士；帆布鞋女孩则是文艺、特立独行的代表。

正如人的性格是复杂的一样，每个女人也都是复杂的。当我们在高跟鞋和帆布鞋之间转换时，就变成一个多面的女人 —— 谁说帆布鞋女生不能驾驭一双 8 厘米的高跟鞋？谁说高跟鞋女人只有踩在恨天高上的一副面孔？这个时代的独立女性不是让人能够一眼就看明白的。

这双帆布鞋是女人鞋柜中不可缺少的一件单品。

试想，当你去参加草地音乐节时，要穿一双镶钻高跟鞋吗？

当你和朋友们去山地旅行或草原野餐，脚上穿一双丽派朵吗？

当你去参加儿子学校举办的校园运动会，一双帆布鞋不是最好的选择吗？

这双帆布鞋是一种感受：轻松、青春；自由、自然；放开约束，享受生活。

Canvas Shoes

他们都穿帆布鞋!

一双帆布鞋恍似年少时的梦。其实，帆布鞋是不折不扣的永恒的时尚单品。

你知道他们都是帆布鞋忠实的拥趸吗?

约翰·列侬和小野洋子 (John Lennon & Yoko Ono)

那是摇滚和嬉皮最风行的年代，披头士的小伙子们让帆布鞋成为年轻人最喜爱的鞋子。来自日本的不羁女孩小野洋子披着中分的头发，和她的爱人一起穿着牛仔裤和帆布鞋装扮，加速了披头士的分裂。

科特·柯本 (Kurt Cobain)

这位金发、忧郁、早逝的摇滚先锋永远一件旧羊毛衫加旧帆布鞋的装束，使他成为所有不羁的年轻人的神。

山本耀司 (Yohji Yamamoto)

这位永远一身黑色、小礼帽、帆布鞋装束的时尚界最酷的设计师，以他特立独行的风格让西方国家感受到东方美学。他的审美，颠覆了只有胸和腰才是性感的标准，让人转而关注女人身体中最纤细的手腕和脚踝。

一双、两双、三双……帆布鞋永不嫌多！白色、黑色、红色帆布鞋是青春永恒的经典基本款。

艾薇儿 (Avril Lavigne)

艾薇儿就像是永远长不大的女孩，这位喜欢画着烟熏眼妆的少女曾经叛逆地宣布永远不穿裙子。然而，她后来以帆布鞋搭配纱质长裙加网眼袜的造型，还是惊艳了全世界的眼球。

克里斯汀·斯图尔特（Kristen Stewart）

“暮光女孩”的大长腿是无数年轻女性艳羡和关注的焦点。她的腿多一毫米和少一毫米的脂肪维度，都能引起粉丝的惊呼。所幸克里斯汀是一个战斗型的、永不停歇、内心强大的“坚硬”姑娘，就像她在影片中执着无悔地爱上吸血鬼一样，她选择帆布鞋作为她所有街拍照片中的 logo。

艾格尼丝·迪恩 (Agyness Deyn)

“假小子”艾格尼丝经常用她白金色的短发、阳光的笑容搭配明亮的丝袜、运动衫和帆布鞋，带有一种特立独行的妩媚。

超模 Anne Marie Van Dijk

这位有着翠绿色眼睛、完美无瑕的面容的荷兰姑娘是诸多国际奢侈品牌的宠儿，包括路易威登（Louis Vuitton）、安普里奥·阿玛尼（Emporio Armani）、杜嘉班纳（Dolce & Gabbana）、马克·雅可布（Marc Jacobs）。然而她生活中的个人风格却是崇尚低调和实用主义的。如果不是去参加高级宴会，她总是会选择紧身牛仔裤和匡威帆布鞋作为出行装扮。

Canvas Shoes

纯白色

一条紧紧的黑色仔裤，一件随意的黑色卫衣，加一双白色帆布鞋，没有任何其他色彩的装饰。再加上一条黑色的围巾，或黑色大背包、黑色墨镜，就足够了。

最简单的就是最好的。

然而，很多人却不甘于让自己那么“平庸”，而一定要去画蛇添足，他们却会选择彩色外套、五颜六色的包包、太有设计感的围巾……

考察一个人的品位并非看她如何买到昂贵的东西，而是看她如何将看似普通但实际经典、有内涵的东西搭配在一起，让人看到的是她本人，而非某一件单品。

当有人对我说："我记得你那时候穿着一件这样那样的衣服。" 通常大家会认为这是一种赞美。但对我而言，我反而会觉得有一点点失望。我希望别人记住的是我呈现出的风格，而非只是那条漂亮的印花裙。

一双经典的帆布鞋，纯黑色，只有一个白色的鞋底作为装饰，就已经足够了。

我极喜爱帆布鞋纯白色的鞋底，给人带来一种轻快、上扬的感觉，走起路来像一片洁白的云一样。试想你还有哪双鞋子有着这样纯白色的鞋底?

旅途中

总是会有朋友问我，为何我总是买不到自己中意的款式？

其实，这个问题应该变成：为何有太多的人在购物计划中决定买一双黑色鞋子，结果反而会买回一双花鞋子？

爱美之心人皆有之。这与我们规划自己的人生有着异曲同工之妙。

当我们在一条路上走着，我们的心中都知道，这条路通往一个终点，那便是我们心中的终极幸福目标。在规划路线时，我们不知道也看不到路两边有什么东西，因此心无旁骛，只专注于那个终点。然而，当我们真正走在路上，总会向左看、向右看，欣赏沿途的风景，被眼前美好的事物所打断：看到这个漂亮东西你驻足停留，看到那个诱惑又会流连忘返。最终忘记了终点的目标。

我们可以从穿衣之道看到这些人生的哲理。

很多人心目中都有自己的时尚偶像：我应该像某某那样穿衣服，应该有某某那样的风格和品质。但为什么总觉得衣橱里没有衣服穿？当我们打开衣橱，总是觉得这件衣服好看，那件衣服也漂亮，却一直找不到一件可以穿在自己身上、搭配出完美整体形象的那一件？又或者，买来的漂亮衣服，穿出去却总得不到别人的赞美？问题在于，我们的目光只关注在这一件衣服的漂亮与否，而忘记了我们的终点：突出自己的最佳气质。

当我们看到一条路幸福美好的终点，直接地、目不斜视地、笔直地走向那个幸福终点，是所有成功人士的法则。尽快到达终点，而不是被路边的风景所吸引，野花虽然很美，但与幸福的终点相比，就不算什么。你会头脑清醒地做出取舍。

一个内心强大的女人不会东张西望，她总是知道自己真正想要的东西是什么。

Canvas Shoes

年轻人穿着帆布鞋出现在音乐节上的身影，在各个国家都不陌生。

音乐灵感

20世纪50年代，年轻的詹姆斯·狄恩（James Dean）被拍到穿着T恤、里维斯牛仔裤和白色匡威帆布鞋走在好莱坞大街上，帆布鞋开始成为年轻一代偶像文化与叛逆反抗的象征。

20世纪60年代，富有简洁精神的帆布鞋和牛仔裤一样，被年轻人继承，以延续当年不可遏抑的嬉皮士精神。

在经典影片《毕业生》中，在保罗·西蒙和加丰凯尔的《寂静之声》（Sound of Silence）音乐背景之下，迷惘的达斯汀·霍夫曼穿着浅棕色帆布运动鞋。披头士出演的电影《黄色潜水艇》是帆布鞋涂鸦的肇始。摇滚偶像科特·柯本（Kurt Cobain）让帆布鞋一下子脱离了运动品牌的局限，成为音乐界的专属。

之后，脚踏一双匡威帆布鞋的摇滚乐手不可胜数。The Clash乐队、The Replacements乐队、Green Day、不久前早逝的天才爵士乐手艾米·怀恩豪斯（Amy Winehouse）、The Beach Boys、Lily Allen、Arctic Monkeys都喜欢将帆布鞋作为他们的亮相Logo。

当年轻的时装设计师马克·雅可布听到了“Here we are now , entertain us”这句经典歌词时，灵感涌上他的心头，他依照科特和考特妮的造型，推出了1993年的油渍摇滚（Grunge）系列，制造了时尚界持续不断的“颓废流行”的发端，以油渍摇滚音乐为名，

向创作出不朽音乐的灵魂致敬。

一双帆布鞋代表着低调、内敛，又是叛逆、不羁的象征。

越来越多的国际品牌，也将专注力放在帆布鞋设计上，包括 Converse、Levi's、Vans、Pony、Keds、Adidas、Lacoste 等等，都为帆布鞋文化注入了更有品质感、更具内涵的长久的生命力。

漫不经心的优雅

一双经典的白色或黑色帆布鞋，是可以和许多单品搭配出惊艳效果的。

你可以学习艾薇儿，用帆布鞋搭配小小的紧身 T 恤、纱质长裙、丝袜；

也可以学艾格妮丝搭配彩色丝袜、小西装外套和礼帽；

像凯特·莫斯和克里斯汀·斯图尔特一样，用帆布鞋搭配紧身牛仔裤；

不久前，流行小天后蕾哈娜（Rihanna Fenty）被拍到以黑色吊带及踝长裙搭配经典黑色高腰帆布鞋出街，带有一种漫不经心的优雅和妩媚。

穿上帆布鞋，就回归到生命的本质，这种活力，是其他鞋履无法赋予的。

帆布鞋是一种情绪、一种态度。当它与你融为一体，你便知道该怎样穿好它。

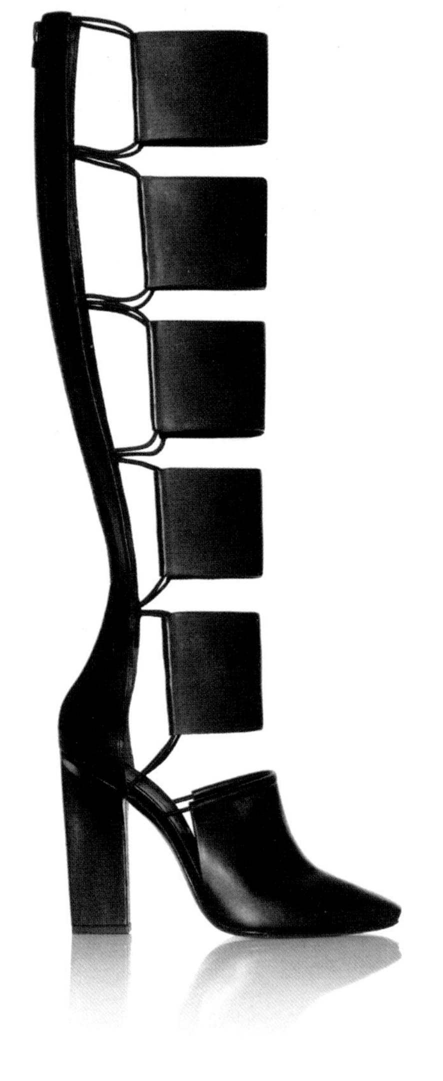

女王/公主

女王是什么？

女王是这样一种女人，气场强大，睥睨一切，无论什么装点在她身上，都是正确的、泰然自若的、和谐的，不安的只是别人。

从古至今就有这样一类女人。她们用绚烂的宝石色泽、金属皮革、动物羽毛、锋芒利器武装自己，让人们膜拜、惊艳。聪明地用附属的装饰品强化自己的优点，炫目到近乎神圣。

——别畏惧！其实每个女人心里，都有一个自我的沉睡中的女王。她正隐藏着，等待着一件利器去发掘。你偶尔给她尝试一下，也许就会将她释放出来！

宝石戒指

鱼嘴高跟鞋

长靴

鸡尾酒高跟鞋

墨镜

NO.16
宝石戒指
Gemstone Ring

Gemstone Ring

宝石

戒指

● **每一颗宝石都是独一无二的！**

● **宝石戒指是将实用性、夸张性、故事性完美结合的超高人气单品。**

● **每一颗宝石都有自己特有的能量。在西方，每个月都有专属的幸福守护石。你的守护宝石是哪颗呢？**

莎士比亚曾说："珠宝沉默不语，却比任何语言更能打动女人心。"

珠宝与爱情对女人来说都是难以取舍的，事实上，大多时候这两者都是纠缠牵绊，无法独存。

不久前热映的《了不起的盖茨比》将我们带回了奢华的20世纪20年代，那个纸醉金迷的香风年代。在那个充满故事的年代，人们热衷于喝酒、跳舞、享乐，女人佩戴着大件的宝石，男人戴着优雅的领结和礼帽，充满着传奇色彩。

这部菲茨杰拉德的名著不知是第几次改编成电影，之所以几十年后又重新演绎一遍，

是因为他所描述的爱情与奢华的确打动人心，并且一次又一次地掀起了珠宝装饰艺术的新高潮。

彩色宝石多样的材质、丰富的色调，为珠宝天马行空的设计打开了一扇梦幻之门。它们单纯的红、黄、蓝、绿，在色调上充满能量的变化，摄人心魄。

用一颗天然的宝石取悦自己

法国珠宝设计师夏利豪（Coralie Charriol）说："容易搭配的配饰才最讨女人喜欢。我喜欢独立的女人，希望她们有自己的想法和主见，不会为了男朋友或者别人而打扮，关键是自己，自己喜欢才是最重要的。"

取悦自己是女人一生中最重要的一件事。

据说，玛丽莲·梦露会花很长时间站在镜子前全裸，欣赏自己的身体。

自我欣赏就像一种催眠术。无论你是不是全世界最美的女人 —— 那种标准只存在于童话中 —— 只要能够自我欣赏、相信自己，每个女人都会是世界上最美丽的女人。最重要的

Gemstone Ring

是你有没有发现自己的美。让自己变美是一种技巧，更重要的是学会赞美自己，发自内心地认为自己是最美的。然后，通过不断的学习和修炼，用更高级别的技巧扮美自己。

我常常对团队里的年轻人说：心态决定我们的状态，而状态则决定一切。

对于女人而言更是如此。

我觉得这句话适合世界上所有事情：婚姻、工作、爱情，包括扮美自己。

在我们这个时代，每个人都不缺乏表现自我的机会。人们通过各种手段，展现自我的特点，以获得更多人的认可。作为女人，怎样让自己看起来更美好，成为一件史无前例重要的事。我的工作就是帮助更多的女人看清自己的生活，让更多的女人看起来更美，从而成就更好的自己。

只要自己有信心，就会变得更美。

一枚戴在手上的漂亮戒指，当我们在与别人聊天的时候，自己会玩弄；闲暇思考事情时，我们会凝视它；心情忧郁的时候，当有光线与这枚宝石交相辉映，也会一下子抛开烦恼被这美好的一瞬所吸引。

一枚宝石戒指，更多时候并不是为了让别人看到，而是让自己有时间和心情去欣赏——欣赏这枚漂亮的戒指，以及佩戴戒指的美丽的手指。

这种自我欣赏的时刻，是极其珍贵而美好的。

一颗可以低头看到的宝石，让我们的眼睛每天都能看到美好的东西。仔细辨认这颗漂亮的宝石，它散发出的光芒和色彩，每一面都是正能量。

被折射出的正能量

这是你吗?

爱照镜子。

喜欢照镜子，并且对镜子中的自己表示满意。

每次照镜子都会心情大好。

恭喜你！你一定是一位积极的、充满正能量的乐观女性。

照镜子应该是每个人自我欣赏的时刻。当我们走过任何一个反射区：电梯门、玻璃幕墙、餐厅或商场里的镜墙，都会不由自主地欣赏一下自己的身影，观察自己的姿态与衣着，然后愉快地走开。这样的人是乐观的、开朗的。

穿新衣服。

新衣服穿在身上，总是会自我感觉良好。

当和别人聊天，如果话题一直没有切换到自己的新衣服上，你会忍不住热情洋溢地将话题切换到今天穿的心头好上。

这也是一种赞美自己、欣赏自己的方式。

喜欢清晨，太阳升起来的时候。

喜欢晴天，太阳总是让人感到充满了能量。

早上的太阳让我们感到生活充满希望，在车上看到每一位匆匆赶路的行人，就能想象到有无数有趣的故事正在发生。

在阳光下，想象自己是一棵生机勃勃的植物，正在进行光合作用，大口呼吸，努力生长。

Gemstone Ring

宝石戒指是夸张的、极具装饰性的，很多顶级设计师都孜孜不倦地致力于设计这些极富个性的“魔戒”。

喜欢赞美别人。

赞美能够带给别人快乐，同时将快乐传递给自己。

赞美可以给我们补充能量。

赞美就是生活中的阳光。

赞美可以让别人更加喜欢自己，结交更多朋友，认识更多志同道合的人。赞美的力量是无穷的。

这些都是生活中正能量的时刻，是让生活充满希望和愉悦的举动。

希望和愉悦可以缓释我们紧绷的神经，让不良情绪得到释放，对自己和他人恢复信心，让自己相信世界仍然美好。

一颗打磨完美的宝石，具有魔幻色彩的折射面，当你长时间注视它，会沉醉在它深邃的光晕中。这种深邃，是时间赋予的，也是宝石的能量场所在。

与一枚戒指的约定

在马不停蹄的时尚圈，工作是十分繁忙和辛苦的。我经常会以此为理由，给自己买个小礼物，以此慰劳自己。有时，这个小礼物是一枚送给自己的宝石戒指。

宝石戒指是一种信物、一种约定，暗示自己一切是美好的。相信自己，相信一切。这件看似很小但很美好的东西，会让我的心情变得美好。

在我们的穿衣打扮中，有些穿戴是为了别人 —— 为了适应某些场合，为了符合自己的社会身份和责任。这时候，穿衣服变成一种礼仪和义务。

有些东西则是为了讨好自己。比如，戴一枚戒指，随时随地可以欣赏到一枚宝石，愉悦自己的心情。当然，讨好自己的也可能是一串项链，或者涂得整齐漂亮的指甲油，或者一面随身携带的小镜子。

女人需要讨好自己。一份自己喜欢的工作，一个值得信赖一生的 Mr. Right，一个永恒坚定的信物，24 小时看到都会开心的东西。对我来说，这枚宝石戒指并不昂贵，没有钻石那样的身价，拥有它，仅仅是因为漂亮。

虔诚的教徒相信一枚玉坠具有保护佩戴者的功能。当我相信一枚戒指具有某种幸运的能量时，这就成为我自己的秘密 —— 与一枚戒指的约定，这个秘密只有自己知道。我们将所有正能量放在这枚戒指中，随时补充，负面的能量都被折射走，这是一件美好的事情。

宝石戒指，折射我们的忧伤，将所有不愉快用它耀眼的光芒反射出去。

一枚蕴含能量的宝石戒指

戒指究竟属于哪种文明的发明创造，还无定论。但很明显，无论在哪种文化中，戒指都代表了权力、财富、信念、爱与誓言。

每一位珠宝设计师都认为美丽的宝石充满了幸运的能量。世界著名的梵克雅宝（Van Cleef & Arpel）公司曾经推出过“Days of Luck”系列。铁娘子玛格丽特·撒切尔也曾说：“珍珠让我气度不凡，总能为我带来好运。”因此她一生挚爱珍珠，她著名的珍珠耳环，从未离开过她的双耳。

选择一枚宝石作为自己的能量源泉，并非现代人的发明创造。从古至今，人类对宝石的迷恋，就充满了对大自然的崇敬。

一颗宝石，无论它是红宝石、蓝宝石、石榴石、玛瑙石，或是水晶、石英、松石……都是经过漫长的时间洗礼和风霜的磨砺之后，经过地质久远的变迁、高温和高压的锻炼，才被大自然赋予了美艳的色泽与神奇的特质。

Gemstone Ring

这些世间最美的材质，具有梦幻般的奇妙内涵。比如，在古代欧洲，蓝宝石一直是忠贞的象征，而红宝石则代表着爱恋和激情；祖母绿给人以智慧；石榴石可以照亮黑暗、指明方向，引领我们前行。传说，诺亚方舟的船顶上，就高挂着一颗石榴石。

寻找一颗世间独一无二的、属于自己的宝石，将它戴在手指上，作为自己的人生指引，作为自己的幸运之符。

佩戴宝石戒指可以随自己的品位和喜好，你甚至可以戴满你的每一个手指！夸张的具有装饰效果的宝石戒指从来都是我的最爱！

每一件珠宝或配饰都是有故事的

你有没有过这样的体会？小时候考试，总是愿意穿某一件衣服，因为我从内心里认为那件衣服会给我带来好运。我的一枚紫红色的宝石戒指，也具有这样的功效。戴上它，我总能感觉自己是幸运的。

每一件珠宝首饰都蕴藏着一个奇妙的故事。这些故事，有时是一次非凡的经历，有时是一次难忘的旅行，有时是家族的传家宝，或者仅仅是你心中赋予它的属于你和一枚宝石之间的秘密。成为有故事、有感情的饰品，就具有了与众不同的意味，而此时材料和工艺就显得不那么重要了。

珍藏那些宝石的同时，我也珍藏了关于它们的故事。而这些故事，也成就了我自己的人生。一枚宝石戒指，可以更多、更充分地展示自己的内心，让自己喜悦，看到、欣赏更美好的自己。有珠宝设计师曾说："你可以从一个人所佩戴的珠宝首饰中判断这个人的性格。"

的确如此。宝石是有内涵的，既承载着时间的变迁，又包含了我们对它的祝愿。

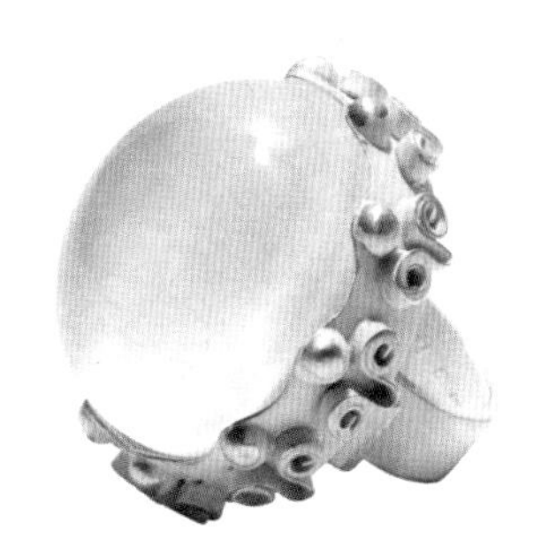

自己的风格

宝石戒指的设计不一定要惊世骇俗，不一定要夸张奇特，也并非一定是奢华的品牌，但一定要品质精良、便于搭配、适合佩戴。

你的配饰是与你形影不离的，因此一定要与自己的风格、气质相统一、协调，为你增光添彩。明白自己的风格，了解自己的喜好，这样才能在选择宝石配饰时有的放矢。

当我们选择宝石时，这颗石头，可以是真正昂贵的无价宝石，也可以是相对便宜的水晶石，即使是仿宝石，也有非常漂亮精致的款式。只要你对它一见钟情，真心爱慕它，它就会带给你快乐的心情。

选购一枚宝石戒指时，你只需考虑三个问题 ——

1. 你是否喜欢它。
2. 你的内心需要什么样的心理暗示。
3. 是否可以与你所拥有的其他戒指混搭。

你不一定追求每颗宝石都是价值连城的。即使是一颗平凡的水晶，也拥有时光赋予的独特美感。美好的设计、趣味感、好的品质才是女人追求的关键！

Gemstone ring

有个性的明星和名模都喜欢用硕大的宝石戒指来装饰自己的手指。

佩戴原则和更有趣的创意

1.稍大造型的宝石戒指可以表达个性，并且适合任何场合佩戴。你喜欢的，就是好的。

2.夸张的宝石戒指在一些特殊场合是非常出彩的，比如在搭配晚礼服时，能够起到极其抢眼的点缀作用，你甚至都可以省略其他配饰，只将重点放在你的几根手指上。

3.不同种类的配饰不要同时戴太多。比如，当我们戴了数枚宝石戒指，可以用手腕配饰来进行搭配，项链和耳环则可以省略。

4.银色和金色的配饰不适合同时佩戴在一起。

宝石戒指还有一些更别致的用法。

你的宝石戒指也可以当成项链戴在脖子上，用一根长长的金链或银链，皮绳也好，将漂亮的宝石戒指挂在胸前，作为长项链的吊坠佩戴，也是非常不错的创意方法。

同样的，戒指也可以作为手环佩戴。卡地亚曾经推出过这样的设计。将多枚戒指用红绳穿在一起，当作手环，既新颖又漂亮。

戒指的混搭

你的幸运戒指可以有好多个。可以单独

以撞色相互呼应、搭配，既有共性，又有冲突，和谐统一于一身金色之中，开朗、爆炸、自信。

黑色、银色的搭配和谐而华丽，不张扬地凸显尊贵品质。

蕾妮·齐薇格一袭蓝色，搭配一枚华丽的装饰感十足的宝石戒指，利落的金发轻松随意，凸显出她温柔又不失独立的个性。

戴，也可以组合戴。一个手指戴多个，或多个手指佩戴不同的戒指。

搭配的时候，将素雅一些的款式和较为华丽的款式搭配起来佩戴；或者把相对比较纤细的几个戒指搭配在一起佩戴；将同色系或颜色相近的两枚戒指戴在一个手指上——让自己的手变得更加有装饰感，让自己的心情变得更加有装饰感，这是一种随时触摸自己的祝福和赞美的方法。

即使一身粗粝率性的牛仔风格，也是可以与宝石戒指相搭配的。做到颜色、材质完美呼应，你一样可以穿出与众不同的风味！

o e n
p

NO.17
鱼嘴高跟鞋
Open-toe Shoes

Open-toe Shoes

鱼嘴
高跟鞋

● 鱼嘴高跟鞋是最好地继承了黄金时代最原始的优美弧线的鞋型。

● 一双美丽的鱼嘴高跟鞋可以一年四季穿着。

● 真正优雅的鱼嘴高跟鞋应该是含蓄的，露出 2~3 个脚趾。

● 与鱼嘴高跟鞋搭配最完美的，是一双得到完美保养、精致修饰的美足。

从性感说起……

一位女神款款而来，正如玛丽莲·梦露，又好像西西里岛的玛琳娜。秀发、眼眸、红唇，款摆的腰肢，妩媚的曲线，每一处都浸透着造物的工巧。然而，哪一处是最令人意乱情迷的

性感?

上帝造人其实是有其特别的精妙之处的，最精妙之处也许在最不容易发现的地方 —— 你只需低头去看；最精妙之处也一定不会在最表面的地方 —— 我想说，或许也是大多数人的心声：脚是女人最美丽的部位。

男人的思维模式可能更局部化、更细节化。他们通常会在此刻直抒胸臆：我爱那个穿着高跟鞋的夏娃！

这也许就是上帝在创造男人和女人时，制造出的平衡。女人在着装时，更多地关注“我穿这件衣服会不会显得瘦？会不会显得我没有腰？”等等诸如此类的问题。但对于男人而言，这其实都是些无关紧要的事情，也许根本就进不了他的眼睛。

我们可以想象一下，一身黑衣的女子，脚上穿着一双桃粉色的鱼嘴高跟鞋，走近了，可以看到脚趾上涂得精致的指甲油 —— 这时候，男人的某根神经，一定就已经挑起来了……

对于女人来说，我们审视自己的五官时，需要照镜子；修饰妆容时，需要照镜子；打理头发时，需要照镜子；看整身搭配时，需要照镜子……我们需要借助另外一个媒介去看到自己。无论穿衣服、穿裙子、戴帽子，我们都不能直接审阅：我是否穿得真的好看?

但是脚上的那双鞋是我们低头就可以看到的。

所以我觉得，女人一定要靠这双鞋去取悦自己，取悦自己的内心，给自己自信。穿上一双漂亮的鞋，只要你低头，就会感到欣喜:“啊，真好看！”这种喜悦之情是由内心发散出来的。

为什么是高跟鞋

为什么一定要是高跟鞋？这个世界上只有优雅的、成熟的、有魅力的女人才能穿着这双鞋，就如灰姑娘的水晶鞋，只有真正高贵的公主，才能穿在脚上。这双鞋子，是独一无二的，这是上帝赋予她的利器。

女人在穿上高跟鞋之后，可以戏剧般地变身为另一个自己，游刃有余地穿梭于人群中。穿上高跟鞋之后，连身姿都会变得不一样了 —— 你必然会挺胸、抬头，心里的那股劲儿，一下子就有了！高跟鞋给你的高度，绝对不会是 5 厘米或 10 厘米，它给你美丽女人的绝对自信，那是一种感觉的高度，就像是——你可以站在 10 厘米的高度上去掌控全世界的感觉！这种感觉只有你自己去体会、去感受。

Open-toe Shoes

鱼嘴高跟鞋可以让女人妩媚、娇俏、成熟，更有女人味。模特的这一身白、粉、嫩绿装束，本身已经俏雅可人，搭配一双什么鞋子会更美妙呢？小尖头高跟鞋？略显保守。芭蕾舞鞋？缺少高度。晚宴凉鞋？过于隆重。一双鱼嘴高跟鞋平衡了上述所有要点，让模特显得格外妩媚动人。

在很多偶然的瞬间，当我忽然低头看到自己的高跟鞋，经常会在心里由衷地叹服："真是鬼才设计师！怎么能把这个东西设计得这么好看！线条怎么能设计得那么优美！"高跟鞋的曲线，只有当你把鞋穿在脚上，才会发现并感受到这种喜悦。

对于我来说，正式场合我是一定会穿高跟鞋的，一方面是出于对其他人的尊重，另外一方面，我很清楚自己的优势在哪里 —— 我的小腿相对比较纤细，如果我穿平底鞋，这个优势基本上就被掩盖了，只有高跟鞋才能把它显露出来。高跟鞋优雅、低调、性感，是我以不变应万变的最好道具。

高跟鞋，是每个女人必须拥有的，是女人送给自己的、让自己充满自信的礼物。高跟鞋的美，需要亲身体验。看到别人的优雅，我们是在欣赏；看到自己的优雅，内心才是喜悦的。

如果你还没有高跟鞋，那么，我建议你购买的第一双高跟鞋应该是鱼嘴高跟鞋。

鱼嘴高跟鞋是具有展现女人味的专利权的。

真正好的鞋子是一件艺术品

我常想，鞋子设计师就像是一个艺术家。

对于设计师来说，每一款鞋子，都是他的作品 —— 鞋子的造型感，就好像一个完美的雕塑；同时，他又会把鞋子当作高科技产品，设计它的楦型、它的结构。

当我参观佛罗伦萨的菲拉格慕（Ferragamo）鞋子博物馆时，深有感触：上帝造人，也会造出如此的鞋匠！菲拉格慕先生在他年轻时，将每一双鞋子都当成一件艺术品。在他的博物

鬼才设计师总能够将这世界上最美好的元素用在鞋子上。一双美丽的鞋子，对我而言，是雕塑、是画布、是完美的艺术品、是高科技产品、是魔术——它赋予女人对于美的所有想象和期待。

馆里，有很多他早期为好莱坞明星们定做的鞋子。

一双梦露的金色鱼嘴高跟鞋时常会引得参观者驻足。每当我看到那双鞋子，我便会想象：究竟是一个什么样的女人，才会穿上这样一双鞋？是怎样的一个世间尤物，才能够掌控它？真的太美了！

那双鞋子，无论从曲线还是结构上，都完美到无懈可击。它是那样娇巧可爱，让人看到这双鞋，就能够想象出鞋子主人的那一双美脚；想象到，有着这样一双纤足的女子，是怎样让人望而兴叹，流连驻足。

我在菲拉格慕博物馆里看到了一段影像，它记录了一双鞋子从设计到制作的全部过程：从绘制草图到制作脚模——菲拉格慕先生根据一位名流的足型，定制出属于她自己的脚模——然后制作鞋楦，直至鞋子主人穿上它的完整过程。这位伟大的意大利设计师，将鞋子当作艺术品一样对待。这些鞋子，承载了时间与人类文化，它在属于自己的历史节点上闪闪发光。

我一直觉得，到现在这样一个快餐时代，有很多东西都已经简化了，删繁就简，曲线逐渐绷直，一切都越来越趋向于直线条。即便是菲拉格慕，也逐渐推出很多直线条的鞋款。但我依然认为，梦露时代的流线形的鞋楦，实在是最美好的黄金时代，它完美的流线感把女人那种圆润、柔美的感觉表露无遗。

当然，我也从不会妄自菲薄，进而否定了属于直线的美。美的形式是千姿百态的，直线的美有当下这个时代的特定美感。

Open-toe Shoes

鱼嘴高跟鞋的选择要点

与其他高跟鞋相比，鱼嘴高跟鞋更加性感、更加女性化、更加有味道。

鱼嘴高跟鞋不像宴会凉鞋或晚装凉鞋那样裸露，它包裹得相对严实，只在脚尖处露出一点点脚趾。当你穿上鱼嘴高跟鞋，你会发现，**一个女人精致的细节全在这一点点裸露中。**

鱼嘴高跟鞋对于女人来说，的确是一个考验。是不是一个精致的女人，从穿这双鞋的脚上可以显露无遗：你的趾甲是不是做得很美？甲油颜色是不是和鞋相搭？足部保养是不是到位？鞋和腿的流线感如何？选鞋的眼光是不是有品位？我经常看到一些小腿略粗的女孩，选择那些粗跟的高跟鞋，这样一来，从腿部到脚底就会像一根木桩一样，失去了收放的流线感。

品质

鞋能显示出一个人的品位及生活品质。所以，作为服装搭配造型师，我建议大家：一定不要在脚上凑合。为自己的双脚购买品质上乘的鞋款，这也是宠爱自己和尊重自己的第一步。

防水台

如何让你的高跟鞋变得更加实用、实穿？即便没有高段位的高跟鞋穿着功力，你也一样可以将它穿得很舒适？

从实穿的角度讲，穿鱼嘴高跟鞋最好选择有防水台的款式。

防水台是由意大利设计师克里斯提·鲁布托（Christian Louboutin）最先大量应用于高跟鞋的设计。防水台减缓了脚掌的支撑力，也降低了鞋跟的相对高度，让高跟鞋穿起来更舒适。对于我个人而言，当我穿着有防水台的高跟鞋时，甚至可以小跑，即使穿着工作一整天也不会累。现在很多明星在出席一些正式场合，比如走红毯、参加晚宴等需要长时间站立的场合时，

基本都会选择有防水台的高跟鞋款。

鱼嘴

鱼嘴大小的选择是一门学问。

我看到过一些做工不是很精致的鱼嘴鞋，会将鱼嘴做得很大，甚至可以露出5个脚趾。这是一件挺可笑的事。**真正优雅的鱼嘴高跟鞋应该是含蓄的，不是那么夸张地去展露出你的性感。**脚趾对于女人来说，是一个非常性感的部位。所以，通常鱼嘴高跟鞋会设计露出2到3个脚趾，是最合适的鱼嘴大小。

经典鱼嘴鞋造型大胆、妖娆、气场强大，是所有超级明星的挚爱。只有内心强悍的女性才能完美驾驭。

其次，小巧的鱼嘴设计即便穿着很久，也不会有脚要向前冲的感觉。鱼嘴开得越大，脚趾露得越多，脚掌越会容易向前冲，脚也更容易被鞋子磨伤。鱼嘴大小合适的高跟鞋，对脚掌具有稳固而舒适的包裹感，穿起来也是非常轻松适意的。

鞋跟的高度

关于鱼嘴高跟鞋的高度，我建议大家可以选择鞋跟稍高的款式，鞋跟高一些的鞋子才能将整个小腿的曲线美感显露无遗。

当然，不同场合也需要有不同选择。在相对正式的工作场合，一定不适合穿鞋跟在8厘米以上的高跟鞋，应该

Open-toe Shoes

选择中跟、没有防水台设计、鱼嘴设计更加小巧含蓄的鞋款。

发挥女性与生俱来的优势

脚踝是身体上最纤细、骨骼感最清晰、线条最柔美的部位之一，也是我认为的女性最性感的三个部位 —— 锁骨、手腕、脚踝 —— 之一。为了这份美和性感，大胆地去尝试一下鱼嘴高跟鞋吧！

无论你是高个子、矮个子、稍胖或偏瘦，女人味是上帝赋予你的独特权利。一双美丽的鱼嘴高跟鞋，流畅的造型，前面小巧性感的鞋尖和后面纤细的鞋跟，可以让所有女人正面地表露自己的性感。

女人味是所有女人与生俱来的。我完全不赞成一个女人一辈子固定一个形象。如果当一个女人觉得自己是中性的，就永远都拒绝穿上一双有曲线感的高跟鞋 —— 这样的一生是不是有点遗憾?

每个女人都应该是百变的，只要适合自己身材、身份的造型，都应该去尝试。我有无数双高跟鞋，也有无数双平底鞋，甚至还有很多男款的复古皮鞋。**我觉得，每个女人都应该在生活中，在一天 24 小时里，享受不同的时光带来的美好感受 —— 每个时间段的阳光都是不同的，女人也需要给自己不一样的光线感、不一样的明艳程度。**

世界上最优雅的鱼尾裙搭配最优雅的鞋履 —— 鱼嘴古典高跟鞋，会出现什么效果呢？以时髦的条纹袜打破这古典的一对儿，蓝色纹理与金色鞋面形成视觉撞击，气场强大。

关于鞋子的忠告

1. 我看到很多女孩喜欢购买斑马纹、豹纹鞋子，或者装饰得极其繁复的鞋子。这些都是具有强烈个性的风格单品。如果你是搭配高手，能够演绎出与众不同的风格，No problem! 然而，如果你仅仅觉得“这双鞋子蛮好看的”，对于该怎么样穿它、什么时间穿它、与什么衣服搭配合适这些概念脑子里还是一片空白 —— 那么，离这双鞋子远一些吧！

2. 我建议大家选择最经典的款式、最简单的色彩。黑色的百搭款，你可以穿它到各种场合。还有一些鲜艳的彩色款，也是我推荐的。类似这样的基本款，不妨多备几双。

3. 搭配建议。

鱼嘴高跟鞋是百搭万能型选手。

如果你希望它优雅一点，配一条铅笔裙，就是非常时髦的 office lady 造型；

如果你想帅一点、酷一点，那么搭配一条瘦腿牛仔裤、机车皮衣；

想要浪漫一点，配纱裙，也完全合拍！

不过，有一点例外，除非你是长腿纤瘦的芭比娃娃体形，并且搭配功力十分了得，可以用鱼嘴高跟鞋搭配短裤，否则，我不建议这么做，因为出现的情况可能不那么尽如人意。

商务旅行箱中只需一双黑色鱼嘴高跟鞋

我是鱼嘴高跟鞋的忠实拥护者。我有很多很多高跟鞋，其中一半是鱼嘴鞋。它们真的是太实用了！

有时，我需要到另一个城市录制节目，并参加活动，同时还安排了商务会面，可能闲暇时还要和朋友吃个饭，这时候，我只需带一双鞋就可以搞定！通常情况下，就是一双黑色鱼嘴高跟鞋。

当我上场录制节目时，我可能会穿小礼服式的小黑裙，搭配黑色鱼嘴高跟鞋，是非常经典有型的；

然后我换上及膝裙和白衬衫，转眼间就可以跑去出席商务活动；

傍晚，和朋友见面吃饭时，轻松休闲的牛仔裤搭配黑色鱼嘴高跟鞋也是非常合适的。

经典款的鱼嘴高跟鞋一下子就会让旅行箱“减负”很多。在不同场合，它的功效都可以发挥得淋漓尽致。

Ope

S

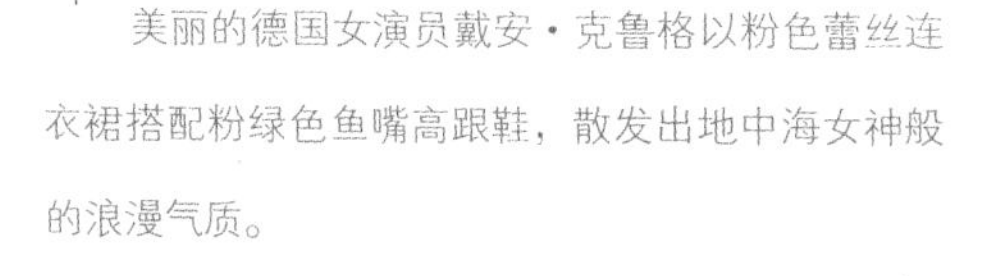

美丽的德国女演员戴安·克鲁格以粉色蕾丝连衣裙搭配粉绿色鱼嘴高跟鞋，散发出地中海女神般的浪漫气质。

时髦的卡德拉姐妹这次又亮出了她们功力了得的搭配天赋。这完美的黑白主题，以一条皮质小黑裙和一双软质鱼嘴鞋最为动人心魄。红唇、卷发，让这对阿拉伯双胞胎在毫不裸露间散发出性感魅惑。

香奈儿秀场外，浪漫不羁的时尚人士以条纹衫、牛仔裤搭配香奈儿经典小外套和黑色鱼嘴高跟鞋，既俏皮又不失优雅、职业范儿，是达人级的搭配技巧。

toe

Christian Louboutin 的经典黑色鱼嘴高跟鞋就像一具优美的雕塑，也像一把利器，穿透男人和女人的心。

黑色丝袜搭配黑色高跟鞋，黑色外套、黑色手包、黑发黑眼眸，深色妆容，犀利时髦的装束显示出超模不凡的搭配功力。同样的，黑色丝袜或 leggings 与鱼嘴高跟鞋的搭配，也十分经典，起到了拉长腿部线条、制造立体层次的作用。

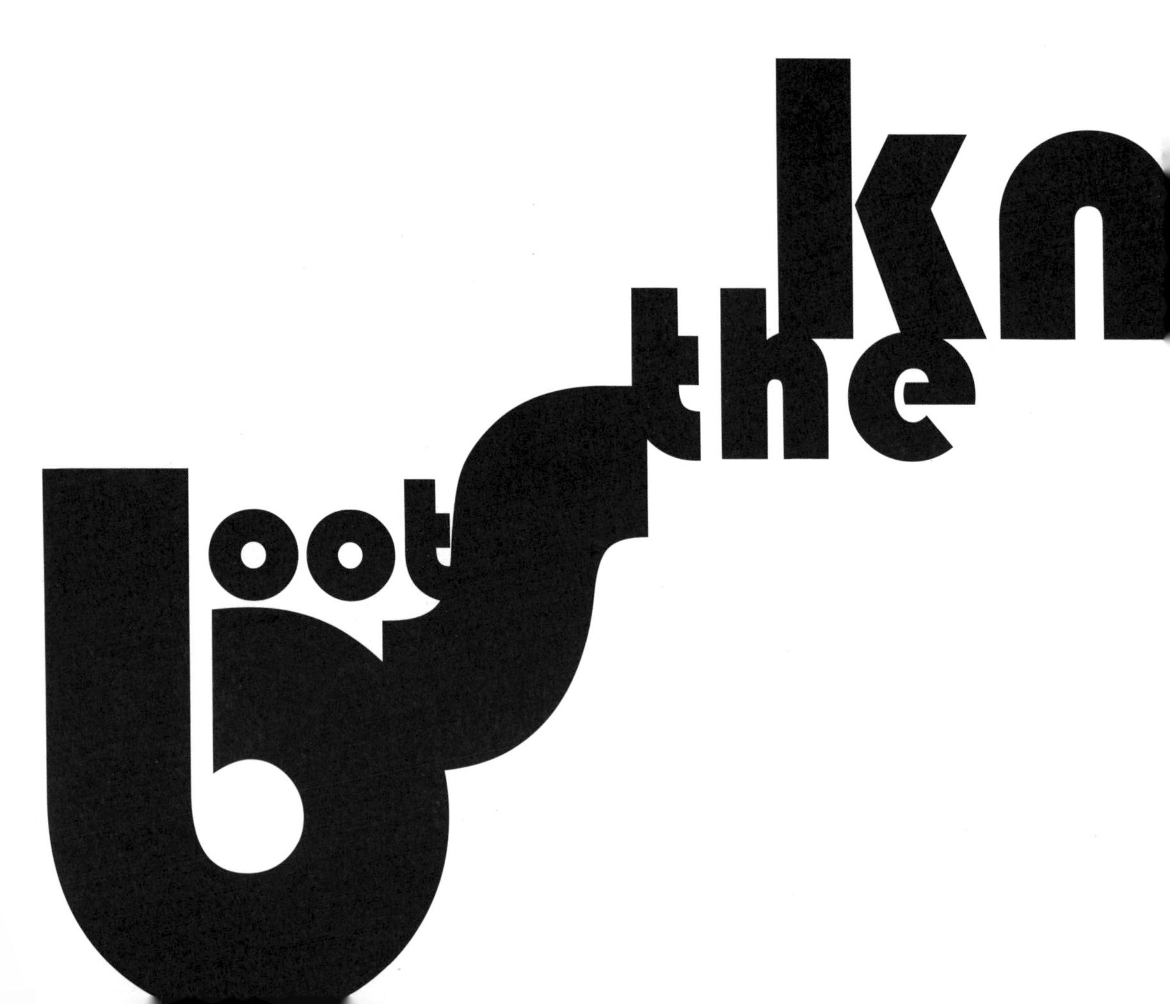
the

NO.18

过膝长靴

Over the Knee Boots

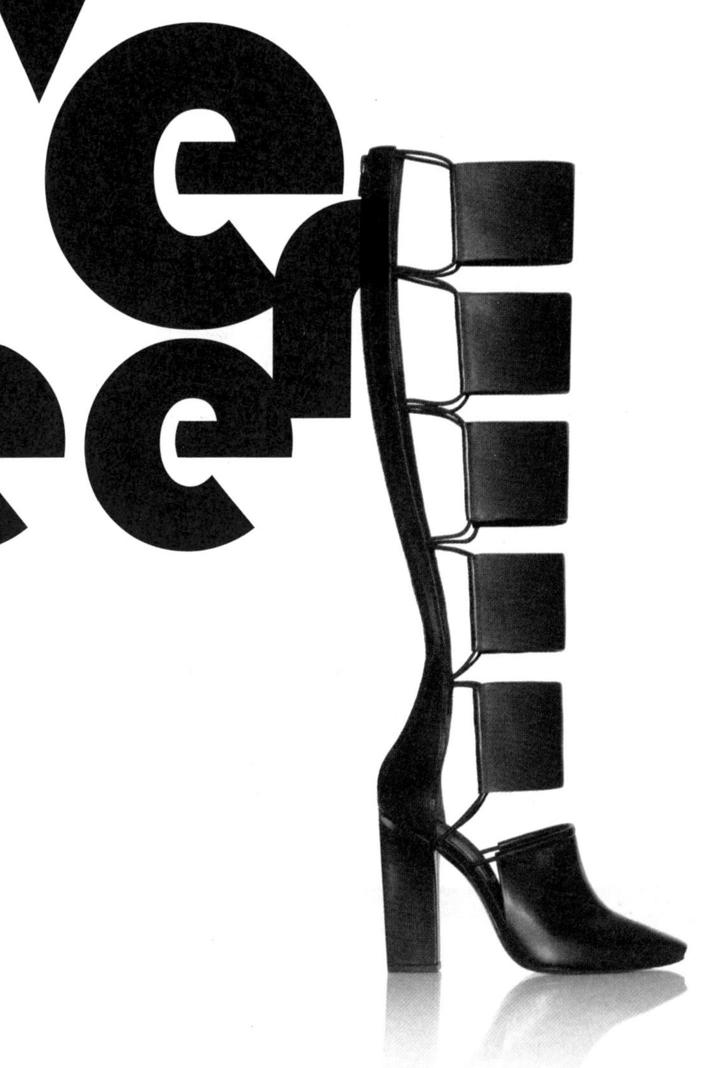

Over the Knee Boots

过膝
长靴

● 过膝长靴是一款充分利用视觉差显示身材的单品。

● 事实上，因为有靴腰的固定，高跟过膝长靴比高跟鞋更好驾驭。

● 漆皮过膝长靴带有明显的朋克印记，搭配不好会显得不太高级，一双亚光的长靴则会好得多。

● 不要被过膝长靴的气势所吓倒。一双平底过膝长靴可以为娇小可爱型姑娘打造出经典的芭比娃娃造型。

● 2012 年美国超级碗盛典表演中，54 岁的麦当娜佩戴着重达 19.6 克拉的 Bvlgari 白金钻石耳环，穿着 Miu Miu 过膝长靴，像少女

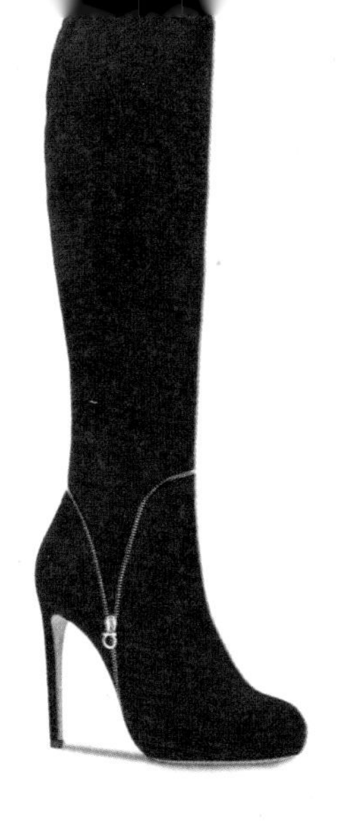

长及大腿根部的过膝长靴可以完美勾勒腿部曲线，使足部和双腿融为一体，很酷、很可爱，非常适合身材娇小的女性。

一般献唱，让媒体惊呼：“超级碗之夜是属于麦当娜的！”

过膝长靴是一款凌厉款单品，张扬、强势，充满力量感，并且具有强大的塑型功能。过膝长靴的造型感和保暖功能，是其他鞋履无法比拟的。尤其在寒冷的北方冬天，一双好品质的过膝长靴，即使里面只穿一双丝袜，也不会感到寒冷。

当然，如果你是一个注重造型感的时髦女郎，过膝长靴也是一款强大的四季单品。

有很多娇小的女孩认为自己驾驭不了过膝长靴。我曾在湖南卫视的《越淘越开心》节目中做嘉宾，其中一个身材纤细小巧的广东姑娘让我印象颇深。她用现场非常便宜的衣物搭配出很多非常有型的造型。比如，一件几十元钱的格子衬衫、普通的牛仔短裤，搭配一双黑色过膝长靴，很酷、很帅、很有型，配上她蓬蓬的小卷发，一个非常有个性的洋娃娃造型给我留下了深刻的印象。

这个例子证明了小个子的女性穿过膝长靴也会很有型、很可爱。

你只是一双 UGG 吗？

有很多人不敢去尝试这类凌厉款单品。

的确，在多年以前，我也认为过膝长靴显得过于凌厉，但几经实践之后，过膝长靴成为我造型搭配中非常喜爱的单品。这是一款非常实穿的靴子。对于腿型优美的女性，过膝长靴会突出身材的优势；对于腿型不那么完美的女性，过膝长靴会起到修饰作用。这是一款实用、有型、可以起到修饰作用的单品。

Over the Knee Boots

穿着过膝长靴，最重要的是自信

只要你对自己有信心，过膝长靴往往能无往不胜。过膝长靴会修饰腿部的小瑕疵。

1. 过膝长靴会掩盖略粗的小腿和不够笔直的腿形，起到修饰腿型的效果。

2. 如果双腿不够纤细，过膝长靴笔直的廓形可以起到修饰作用，尤其是那种紧紧包裹脚踝的款式，会将双腿勾勒出优美的线条。

3. 带有水台的高跟款会使身材显得更高；具有松紧度针织面料的过膝长靴紧紧包裹着双腿，也会让身材显得更加高挑。

挑战自己的极限，不要被一双鞋子搞定

一双胖胖的 UGG 已经在很多个冬天统治我们的视线。

这的确是一款安逸舒适的鞋子。但当满大街都是同一款造型时，我们必须让自己有所改变。当我们安于舒适，就会失去尝试更多新鲜事物的快乐。

当我们遭遇安逸款和凌厉款的选择，就像遭遇一双 UGG 和一双经典过膝长靴的选择。过膝长靴意味着对自己提出更高的要求，不断挑战自己，更加精致、更加有型、更加有力量感，像麦当娜一样，即使过了知天命之年，却依然保持着少女般的激情；而一双 UGG，则有人云亦云的安逸感，随意、放松，无须打理。

从穿衣到生活，我们会面临诸多选择。选择有型、精致，充满自我风格的人，总是会为周围的人传递出不一样的正能量。

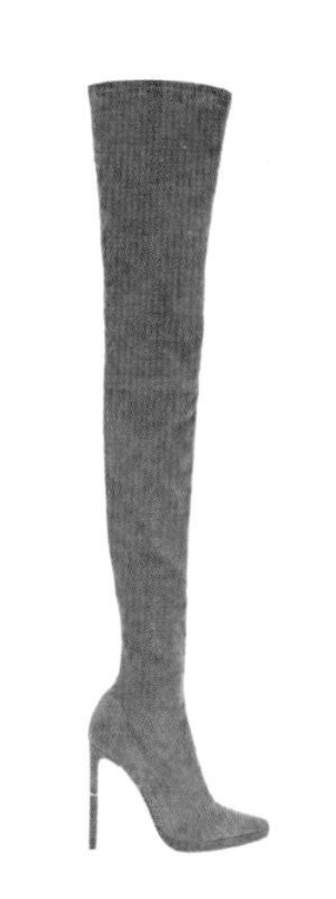

基础色系

正常的过膝长靴超过膝盖5~10厘米，深色，凸显品质感，皮质、翻毛皮质或磨砂皮质。

黑色过膝长靴

黑色高跟过膝长靴，需要用最简单的穿搭技巧来进行搭配，长靴已充满强大的气场，其他配饰无须太过分。整身黑色的装扮，有一点点其他颜色点缀就会很好，可以将凌厉款穿出优雅的气质。

大地色系过膝长靴

大地色系是我非常喜欢的颜色。有时对于过膝长靴而言，大地色系可以缓解长靴咄咄逼人的气势，而显得柔和，充满气质感。浅棕色毛衣，棕色的打底裤，以及同色系大衣，搭配大地色系过膝长靴是十分经典雅致的搭配方案，既有型又简约，也会很酷。

腿部搭配方案

穿过膝长靴，腿部的廓形是全身的重点。

Over the Knee Boots

裸腿穿着

如果你有一双修长的美腿，那么你就有最大的资本来裸腿演绎过膝长靴。年轻充满活力、长着一张娃娃脸的米兰达·可儿(Miranda kerr)配搭简单的毛呢外套、包臀毛衫、一双长及大腿中部的靴子出街的造型曾打动了无数人的心，适度裸露健康的腿部肌肤，性感而充满张力。

搭配丝袜

黑色过膝长靴搭配黑色丝袜，具有浓郁的朋克风格。这种犀利的造型适合搭配简洁高级的黑色或白色上装，适合具有高段位搭配水准的时髦女郎。

搭配 leggings 或紧身裤

这是最稳妥、最安全，也是最实用的搭配方法。任何人都可以穿出好的效果。以简洁的打底裤或紧身牛仔裤搭配同色系的过膝长靴，也是时尚榜样凯特·莫斯的最佳穿扮之一。上衣可以搭配有型而合身的小外套。如果对自己的身材不够有信心，搭配长款风衣和呢质外套也非常般配。

服装搭配要点

服装搭配以中和凌厉为基本原则。

在很多时候，我们不能像明星一样极尽招摇、奢华、突出强烈的个性，穿着得当、具有风格感是我们日常穿着的最佳之道。一双颇具气势的过膝长靴，可以用各种简单的方法达到中和的效果。

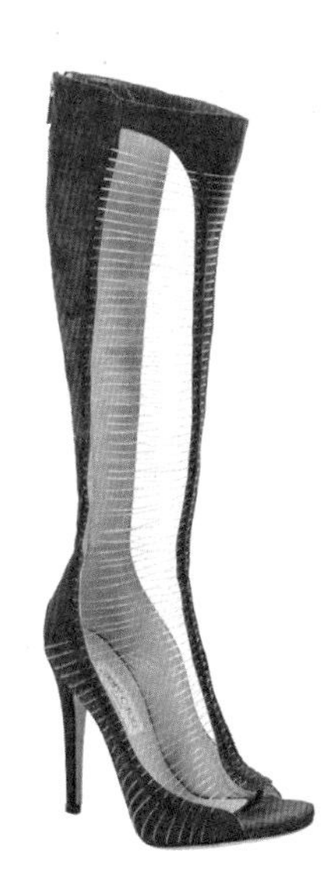

尽管包裹得严严实实，仍然透露出强大的女性气场。独立、自信，充满力量，过膝长靴搭配紧身豹纹铅笔裙，将女性下半身曲线勾勒得淋漓尽致。皮带和手拎包是点睛之笔。

过膝长靴与连衣裙搭配也毫不费力。重要的是廓形感：过膝长靴的廓形与连衣裙的廓形默契配合。一身优雅的五分袖小黑裙，刚好中和了过膝长靴的凌厉感。

1. 服装面料选择低调柔和的色彩和材质。蕾丝、粗花呢等颇具女性柔美气质的材质是中和长靴凌厉感的最佳之选。

2. 与长靴搭配的打底裤颜色最好与靴子的颜色一致，可起到最大限度地拉长双腿的视觉效果。

3. 在搭配过膝长靴时，穿着尽量不要太过暴露，避免选择透视装、露背装、热裤、网眼袜之类具有强烈视觉效果的单品。

4. 在日常生活中，过膝长靴也非常适合搭配猎装、风衣、编织毛衣、帅气的衬衫等中性、温暖气质的单品。这类单品可以中和过膝长靴的凌厉感，减少咄咄逼人，增添女性干练、自信的气质。

过膝长靴的穿搭风格

办公室风格

板正的白衬衫，帅气的黑色马甲，黑色 leggings配合

Over the Knee Boots

黑色过膝长靴，头戴一顶俏皮的马术帽。你知道我不是去骑马的，而是去写字楼！过膝长靴当然可以穿进办公室，职业、时髦，凸显都市女郎风格，而丝毫不显得过分。

晚宴风格

装饰感廓形的晚宴裙装，柔软的面料，适度的露肤，以及具有装饰感的黑色薄纱，与过膝长靴形成对比风格，既与众不同，又有强烈的品位感。

派对风格

在非正式派对场合，可以选择更开放色彩的过膝长靴，更加夸张的妆容，搭配短小精干的外套和超短裙，配饰和服饰花纹也可以更加闪耀、生动，增添聚会的活跃气氛。

选购指南

1. 过膝长靴和踝靴，都会在视觉上显得腿部修长。腿部有瑕疵的女性，尽量不去选择那些到小腿和及膝的中庸款，这样的长度对腿部线条没有好的勾勒。

2. 选择紧紧包裹腿部的款式。面料有松紧度的过膝长靴，适合腿部纤细的女性。有拉链的翻毛皮、磨砂皮长靴，厚实、具有强大的塑型感。

3. 如果不想打扮成摇滚风格，尽量选择没有光泽的磨砂面料。

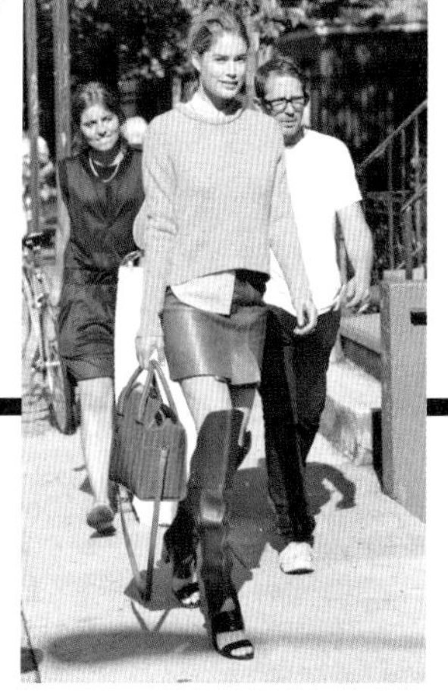

4. 不购买设计复杂、带有画蛇添足配饰的款式。设计越简洁，越能凸显腿部的线条。

5.零装饰、单色、亚光，最简单的款式，穿几年都不会过时，也最能搭配出效果。

6. 习惯穿高跟鞋的女性可以选择高跟、有防水台的过膝长靴。中低跟或平底的过膝长靴一样很有风格、有味道。有橡胶质鞋底的平底过膝长靴，经典的外观加上柔软易穿的材质，非常适合不习惯穿高跟鞋的可爱型女士。

NO.19
鸡尾酒高跟鞋
Cocktail Heels

Cocktail Heels

鸡尾酒
高跟鞋

● 鸡尾酒高跟鞋是一款对女人有要求的单品。

● 许多鸡尾酒高跟鞋也会采用隽永的丝缎质料，光泽的缎面铺镶钻饰和水晶，给人以优雅、古典的精致美。

● 就像鸡尾酒的热辣、甜蜜和神秘一样，鸡尾酒高跟鞋也是一款气氛单品。女人白皙双脚上的一双鸡尾酒高跟鞋，比任何裸露都要来得性感！

● 将鸡尾酒高跟鞋搭配出风格需要淡定的内心、强大的气场和极高的功力。

高跟鞋之美一言难尽。无论从哪个角度看，高跟鞋都性感之极，充满诱惑！

高跟鞋后跟与鞋掌部位形成的三角形，从侧面看，简直就是世界上最性感的形状！

有人说，如果用这个三角形所形成的空隙来储物，那么能够装下天下所有男人的心！

鸡尾酒高跟鞋以设计细节细腻、精良，外形惊艳而超脱于其他高跟鞋。

鸡尾酒高跟鞋纤细的美感，让人难忘，通常设计师选用高品质的材质，淋漓尽致地表现鸡尾酒高跟鞋的装饰：华丽而恰到好处的饰扣、镶嵌到位的钻饰、纤细无比的系带……和谐而巧妙的搭配，配以女性精致的美足，形成最美妙的视觉效果。

在鸡尾酒高跟鞋的故事中，只有一个主角，根据她的心情、所做的事情和所穿的衣服，展现出她性格的不同侧面和不同面孔。

从迷醉到迷醉

随着鸡尾酒的发展，鸡尾酒文化越来越受到文人骚客的喜爱，浸淫了艺术的氛围。据说，在二战后，年轻的海明威几乎整天泡在丽兹饭店的酒吧里，和酒保一起调制鸡尾酒，他喜爱朗姆酒与柠檬混合起来的特殊口味，加上碎冰，一个下午就可以喝掉一打。海明威对于鸡尾酒的喜爱，从他的作品《岛在湾流中》以及《不固定的盛节》中，可见一斑。

随着文艺名人对于鸡尾酒的推广，鸡尾酒的魅力也慢慢涉及其他领域，如音乐、戏剧、时装……

在20世纪80年代的影片《鸡尾酒》中，帅气逼人的汤姆·克鲁斯饰演了霓虹都市中的顶尖酒保；《欲望都市》中，莎拉·杰西卡·帕克最喜爱粉红大都会马提尼鸡尾酒。鸡尾酒美丽的色彩、闪烁着霓虹光芒的情调以及甜美的口感，越来越受到女士们的喜爱。都市女郎们喜欢沉浸在热情浪漫的鸡尾酒中，释放自己的玩乐天性。

1957年，克里斯汀·迪奥推出了著名的“泽尔琳”鸡尾酒会礼服，以优美富有情趣的旋转式曲线、具有光泽感的面料、大A字形裙摆、比常规礼服稍短的款式，呈现出迪奥最经典的女士优雅，受到女士们的推崇。

20世纪80年代，鸡尾酒裙大肆盛行，介于休闲装和晚礼服之间的鸡尾酒裙，方便女性穿着出席任何场合，尤其是在半正式场合穿着频率最高，通过不同面料和剪裁来自然地突出女性身材，表现出现代女性的多面性。

随着鸡尾酒裙的流行，鸡尾酒鞋、鸡尾酒配饰的设计也越来越夺人眼球。

鸡尾酒鞋与配饰的设计以华丽、炫目、具有强烈的装饰效果、性感、夺人眼球为主要标签，就像鸡尾酒在每一个迷离的夜晚所起到的作用一样 —— 营造气氛、促进食欲、展现魅力、增加情调、令人兴奋……

女性主义的享乐精神

我有收藏鸡尾酒高跟鞋的癖好。

它们太美了！

我经常会舍不得穿它们，然而一旦穿上，心情大好。

穿上鸡尾酒高跟鞋的感觉，与佩戴华丽珠宝的感觉一模一样。

在鸡尾酒会上，与小礼服搭配在一起的，极富女人味道的纤细感小尖头高跟鞋，凉鞋款，具有华丽的装饰感。

我做节目时，有一个困惑的女选手，还不到40岁。她从小城镇出来，一个人到北京打拼，做到现在，有一家自己的公司，且做得十分成功。她的形象风轻云淡，非常具备审美感，在穿衣方面，衣着颜色款式选择都很好看 —— 浅浅淡淡的素色系，藕荷色毛衫配浅灰色的裤子，形象十分素雅，但人看上去却显得很老气。仅仅是因为一双鞋。她穿了一双老奶奶才

会穿的妈妈鞋，一下子把她的年龄拖老了不止10岁。而她却说，穿这双鞋是“因为舒服”。从一双鞋，可以看一个人的生活定位、人生态度。也许仅仅只是换一双鞋，这个人的形象就会发生彻头彻尾的改变。

生活中，一双鞋子是一件简单的事。

然而，鞋子之于人生，也相当深奥。

与这位女士接触的经历让我想到，我曾在国外看到过、遇到过、相识过很多各个年龄段的女性，在她们身上我看到了女人活着的意义。很多传统女性，结婚之后就将自己的人生奉献给了老公和孩子，自己反而不好意思再去打扮漂亮。这是特别可怕又可悲的事情。我认为，每一个女人生来都是这世界上的一个精灵、天使，女人为这个世界带来爱与美，为别人的生活带来幸福与美好的同时，也应该让自己的形象变得更加美好。但是不幸的是，很多女性似乎都没有理解这一点。

有一年，我跟随意大利奢侈品联合协会，从米兰一路向南，到Reggio Emilia、佛罗伦萨，再到罗马。一路下来给我感慨最深的竟然是高跟鞋，这当然和意大利是制鞋之乡息息相关。意大利的鞋子是世界上最闻名的，但我感到更闻名的是意大利女人对待鞋子的态度。意大利的美女们支撑起了意大利制鞋业，将之变成了一种国家产业，一种国家荣耀。**她们爱鞋如命将穿高跟鞋看作自己对人生的一种态度、一种使命、一种对别人的敬意、一种对自己的呵护。**

灵魂深处的优雅与叛逆

用金酒、酸橙汁、青椰子汁加冰块调制的，还滴上几滴安古斯图拉苦味汁，不多不少，正好使酒色泛出了玫瑰红，红得透出了锈褐色。——欧内斯特·海明威《岛在湾流中》

有设计师说：“鸡尾酒的灵魂是优雅而又叛逆的。”

正如鸡尾酒的基调是欢愉、享乐，鸡尾酒高跟鞋带给我们的基调正是“性感、性感”。

Cocktail Heels

Tom Ford 有句名言，“不穿高跟鞋的女人何言性感？”

鸡尾酒高跟鞋是可以将性感华贵淋漓尽致地表达在两只脚上的超级单品。

鸡尾酒高跟鞋的性格：

—— 不低调。现代女郎就是要出挑、抢眼。

—— 不花哨。真正的时髦来自气场而非喧哗。

—— 经典精致。好的品质彰显内涵。

—— 十分性感。要百分百的极致魅力，不忸怩作态。

鸡尾酒高跟鞋华丽而精致的“造势感”，可以出现在任何场合，只要搭配得当，即可以精准地演绎出具有时髦个性又变幻莫测的都市女郎性格。通过不同的衣着和饰品与鸡尾酒高跟鞋的配合，自然地突出女性身材，呈现出现代女郎的多面性。

用鸡尾酒高跟鞋可以轻而易举搭配出成熟女人最突出的典范！

1. 一身小黑裙，一双镶钻的纤细高跟鞋，一个婉约的姿态……极致简约也可以凭借一双鸡尾酒高跟鞋营造出强大的气场。优雅从来不胜在多，胜在精致和细节。

2. 及膝连衣裙，一双同色系细带尖头鸡尾酒高跟鞋。名媛 Crystal Huang 在 FENDI 2014 年春夏秀场上以一双复古闪亮的鸡尾酒高跟鞋搭配一袭简约的复古条纹连衣裙，气度优雅

不凡。

3. 与服装反差极大的铆钉尖头鸡尾酒高跟鞋，正如章子怡在出席品牌派对时的装扮，华丽摇滚风的铆钉尖头鞋搭配芭比娃娃般精巧可爱的小礼服和层叠白纱裙，透露出这位东方女星外柔内刚的气质。

4. 一袭及踝长裙，全身只靠一双纤细的系带鸡尾酒高跟鞋作为亮点，柔顺的长发，盈盈红唇笑靥，女性的柔美尽在其中！

鸡尾酒高跟鞋所呈现的优雅，是柔美的女性化与强大气场的完美结合，这正如鸡尾酒一样，绝非一种层次的味道，而是混合了诸多元素的强烈的感官感受。

也许在上面的例子中，只有第一个是真正的鸡尾酒会现场，但我们仍然可以将鸡尾酒高跟鞋穿入严肃的工作场合，或轻松的休闲聚会中，只需搭配得当、适度展示性感，你就能成为各个场合中抢眼的女王。

付出很多才可穿上的鞋子

传说，灰姑娘的水晶鞋只有她自己才能穿在脚上。其他冒牌货只能削掉脚趾、砍掉脚跟才能勉强穿进去，然而，精致是骨子里散发出的气质，削足适履终究会露出马脚。

对于每个女人而言，这则伴随我们成长的童话，是对女人一直的鞭策。

做一个高贵优雅的女性，需要的不仅仅是华丽的衣饰，而是发自内心的优雅气质。

鸡尾酒高跟鞋代表一种精致的生活态度。是女性随时随地呵护自己、爱惜自己所展现出的美好细节。优雅是需要长时间积累的。优雅来自于所有细节，当一个女人真正做到内在与细节的精致优雅，才能让自己真正体会这种高级的性感。

Cocktail Heels

鸡尾酒高跟鞋是一款对女人有要求的单品。

1. 对身份有要求。

不在一定阶层的女性无法穿出高雅的感觉。

2. 对搭配功力有要求。

如何将一双华丽的鞋子穿好？服装配饰的比例掌控，妆容的程度，都需做好配合。

3. 对细节有要求。

一双保养得当的美足，漂亮的趾甲，与鞋子颜色合拍的甲油，处处显露精致。

4. 对态度有要求。

穿好一双鸡尾酒高跟鞋，需要足够的自信、足够的品位、足够的优雅和恰到好处的性感。鸡尾酒高跟鞋华丽、强势，具有强大的气场，一不小心就会流于盛气凌人或妖冶艳俗。如何驾驭全凭主人的气质与姿态。

选择：避免艳俗

鸡尾酒高跟鞋华丽的亮点，是这款鞋履最具魅力之处，然而也会一不小心而过头。

在这里，我们不得不说一说华丽与艳俗的差别。

在形式上，华丽约等于简单的累加。诸多元素虽然看起来繁复，但色彩统一、元素统一。

鸡尾酒高跟鞋的设计重点会围绕一个点而展开。

比如：闪亮的水晶作为装饰物，或饰满彩色珠宝的高跟。

而艳俗呢？往往由于表达太多，而使叠加丧失风格。

比如：鲜艳的颜色加上耀眼的装饰，色彩过多，装饰凌乱而显得廉价。

荧光色和金属色往往与鸡尾酒高跟鞋的性感优雅背道而驰，谨慎选择。

性感是最高级的升级课程

对于女人而言，性感应是一个终身的课程，是永远不应放弃的目标。

一个女人的性感，并不是浅薄地裸露出多少，而是一种自然而然的态度，一种对自我的认知、关怀和呵护，一种由内而外的释放。

从脚开始呵护自己，让自己变得更美，而且要持续一辈子。

美足养成法

1. 对于易生角质和死皮的足部，需要定期清洁、打磨，用软化角质霜去死皮，用专用的润肤油进行护理、按摩。

2. 一定要注意足部防晒，尤其是穿着漂亮的细带凉鞋或高跟鞋时。阳光会在我们的皮肤上留下细纹和斑点，还有难看的鞋带痕迹。使用与面部防晒指数相同的防晒霜是相当重要的。

3. 薰衣草精油、茶树精油和洋甘菊精油，都具备镇静杀菌的疗效，在沐浴时，在水中滴入适当的精油以滋润足部，可以起到舒缓、灭菌的作用。

4. 将精油滴几滴在专用足部润肤乳中，在涂抹时加以适当的按摩，可以促进精油的吸收，起到更充分的作用。

5. 按摩后，使用专业的足部棉袜养护足部。

6. 选择适合自己的漂亮甲油。在穿着鸡尾酒高跟鞋时，赤裸的趾甲会显得一个女人缺乏生活情趣，而且失仪。漂亮的甲油会为你的性感度大大增分。

NO.20
明星墨镜
Sunglasses

Sunglasses

明星
墨镜

● **这是最具有明星感的经典时尚配件。**

● **明星墨镜是被名流、明星使用次数最多的配饰单品。**

● **明星墨镜几乎可以和任何服装搭配。奥黛丽·赫本穿着纪凡希小黑裙时戴着它，碧姬·芭铎穿着比基尼戴着它，凡妮莎·帕拉迪丝穿着中性外套叼着烟卷戴着它，年轻的阿汤哥穿着军装夹克时也戴着它……**

在我小时候的概念中，好莱坞明星没有一个是不戴墨镜的。

当我刚进入时尚圈，但凡想要扮酷，就会每天顶着墨镜到处走。墨镜是一款我们可以为一个人定位风格的时尚单品。它具有其他饰物不可具备的功效。

一分钟变明星？

一分钟变达人？

戴墨镜吧！

奥黛丽·赫本戴着经典雷朋墨镜出现在《蒂芙尼的早餐》中。这也是电影史上最经典的造型之一。

20世纪最常青的Fashion Icon

说到明星墨镜，就不得不说一说雷朋（Ray-Ban），这个世界上最畅销的太阳镜品牌。

雷朋墨镜是美军的标志之一，是最具美国精神的时尚道具，在二战后，雷朋墨镜作为时尚产品迅速风靡全球。

雷朋的徒步旅行者（Wayfarer）系列，从1952年诞生至今，几乎成为每一位明星的挚爱。约翰·列侬、鲍勃·迪伦、詹姆斯·迪恩、约翰·肯尼迪和安迪·沃霍尔都将它作为每日装扮的必备单品。美丽时髦的女明星们，包括玛丽莲·梦露和奥黛丽·赫本，也都是它的忠实拥趸。

在《蒂芙尼的早餐》中，奥黛丽·赫本戴着雷朋，大大的墨镜罩着她美丽小巧的大半张脸，穿着小黑裙咬着面包站在蒂芙尼的橱窗外，优雅而迷人。《蒂芙尼的早餐》被影评界誉为“20世纪60年代美国最佳喜剧片”，而雷朋的Wayfarer太阳镜则被称为“20世纪最常青的fashion icon”。从那之后，Wayfarer受欢迎的程度可以与小黑裙相媲美，成为墨镜历史上最畅销的款式。

Sunglasses

在 1986 年的好莱坞影片《壮志凌云》中，汤姆·克鲁斯佩戴着经典雷朋飞行员太阳镜的造型风靡全世界，掀起了又一股雷朋太阳镜热潮。当年，为表彰雷朋对流行时尚的杰出贡献，美国流行协会向其颁发了分量极重的设计大奖。

墨镜占据了我们脸的三分之一的面积

墨镜对于别人对我们的第一印象是非常重要的。

对于西方人来说，墨镜就像牙刷一样不可或缺。

最经典的款式莫过于那些具有永恒的设计、简洁的款式和高品质保证的品牌。

雷朋一贯的高品质和优雅设计成为了雷朋太阳镜的最大卖点之

一副好的明星墨镜是名流和明星休闲出街的好搭档，它能够及时拯救因放松而略显松散的造型。好的墨镜易于搭配，瞬间提升造型指数，扭转平淡无奇的局面。

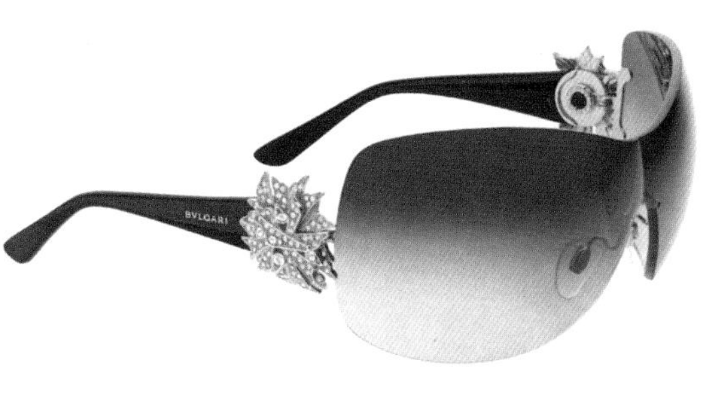

一。雷朋镜片以玻璃片为主，遮光效果极强，所有镜片都能够百分之百地阻隔有害紫外线，同时隔滤红外线等有害光线。现代科技的偏光膜技术，大大减少了光线对眼睛的损害。

同样的，精致的女人需要拥有精致的墨镜。墨镜与其他首饰珠宝一样，可以传承和继承。

Bvlgi 推出的珠宝墨镜，就像它其他的珠宝首饰一样，在墨镜上面镶嵌各种各样的宝石，低调华丽；也会有很多大品牌推出各种珍稀材质打造的复古墨镜，这种隐藏的、不过分彰显的华贵具有低调优雅的闷骚气质。

有个性的猫女郎款墨镜能够大大提升你的时尚度和气场。

明星墨镜在我们的脸上，具有强大的装饰效果。尤其在复古混搭风格上，绝对能助阁下一臂之力，瞬间回到 20 世纪 50 年代。

而且搭配圆形礼帽也很妙，并不会喧宾夺主。

明星墨镜可以巧妙地修饰脸型，大大的墨镜架在脸上，占据我们脸部的三分之一甚或二分之一的面积，会让我们的脸显得小巧、可人，在增添了一份神秘感的同时，又不失诙谐和俏皮，格外讨人喜爱。

Sunglasses

无论什么场合，搭配什么服装，一副明星墨镜都会很好地提升你的时尚度，让气场较弱的你立刻显得无比强大。拯救你的默默无闻，快戴上一款适宜的墨镜吧！

即使不戴在脸上，我也会把它顶在头上——墨镜真是我的好搭档！

脸上的 logo

有很多特立独行的人，将墨镜作为他们个人独特的logo，比如卡尔·拉格菲尔德、吉姆·贾木许、王家卫，他们无一例外地几乎很少摘下他们那副标志性的太阳镜—— 很少有人见过不戴墨镜的“卡尔大帝”究竟长什么样子。

有人说爱戴墨镜的人通常都是性格内向羞涩的人，这种说法也不无道理。或许很多名流和大师，外表看来酷酷有型，具有只手遮天的声望，事实上内心纯洁羞涩，就好像卡尔大帝，谁能想象到他最中意的结婚对象是他的宝贝小猫 Choupette 呢！从这一点看，小猫和墨镜，或许都泄露了大帝的柔软内心。无论如何，他们成功地用一款道具固定了自己的 logo。有时候，风格真的很简单 —— 一 副墨镜就可以搞定。

励志单品

这里展现的经典，是女人万年不变对自己的深爱情怀。也许我们尚未真的有钱，也许我们尚未真的成功，也许我们尚未找到真爱，但，我们真的爱自己。

—— 钻石恒久远，那么就买一颗送给自己！

—— 用温暖的、大大的爱包裹自己，哪怕是一席床毯！

—— 无论多大，包包要拿在手里！

—— 一只经典腕表永远比一枚经典男人更靠谱！

—— 要 Bag，虽然 I don't know what，但我就是要这样！

右手钻戒
大围巾
手拿包
腕表
It bag

Right
-Hand

NO.21
右手钻戒
Right-Hand Ring

Right-Hand Ring

右手
钻戒

钻石是完美的，正如一个历经时光的女人。

● 追逐闪耀的东西是动物共同的属性。

● 天才的设计师艾尔莎·柏瑞蒂（Elsa Peretti）曾经说，她敬畏钻石，“即使是最小颗的钻石，都具有鲜明的个性。钻石是人们永恒的伴侣。”

● 可可·香奈儿钟爱各种珠宝。她本人也是“为自己买单女郎”的先驱。她在选择钻石做设计时说：“我选择钻石，是因为它以最小的体积蕴含着最大的价值。”

● 钻石定制服务在各国都有，比购买品牌成品更加合算，更适合独立的职业女性。

钻石是世界上最古老的宝石。

古希腊人相信，钻石是陨落到地球上的星星碎片。

在古希腊和古罗马神话中，爱神丘比特之箭是由钻石制成的。

它的珍贵与古老，让世界上所有女人都为之疯狂。金发女郎玛丽莲·梦露在大银幕上娇嗲地唱道："钻石是女人最好的朋友。"

与郑重的婚戒不同，右手钻戒可以是许多碎钻的闪亮组合。随自己喜好，想多闪耀，就有多闪耀！

女人应该享受奇迹

女人无法拒绝钻石，正如女人无法拒绝爱情一样。现代人的婚姻，越来越需要一枚钻戒来见证 —— 之所以选择钻石，毋庸置疑是希望我们美好的爱情能如钻石般历久弥坚，永恒相伴，在经历过岁月的风雨之后，仍然保持纯净如初，不受损伤。

然而，钻戒易得，真爱难寻。并不是所有人都能在有生之年找到自己的Mr. Right。

钻石代表着爱情、忠贞、永恒不渝，但更多时候，它也代表光芒、精致、完美无瑕。这颗闪着耀目星光的石头承载着太多人类赋予它的含义。

对于很多人而言，钻石代表了炫耀：我的身家、我的老公、我的爱情……这些都是俗世横加在这颗纯净石头上的杂念。

手上没有钻戒，人生就没有光芒吗?

女人的光芒，只能是身旁那个男人所赋予的吗?

谁说钻戒只能是 Mr. Right 买给你的呢?

我周围有很多女性朋友，因为收获了爱情而得到了梦寐以求的钻戒，无论是几十分还是几克拉，钻戒带给她们的都是至高的幸福。

如果用宝石来比喻女人，每个女孩从小就是一颗纯净透明的水晶，随着成长的修炼而逐

Right-Hand Ring

渐积聚着能量，直到有了一定阅历、身份，有了时间的积淀之后，就会变成钻石，开始熠熠闪光。一个成熟的女人应该像钻石一样闪亮耀眼，散发出魅力与骄傲；像钻石一样自信，成为上帝的艺术品，每一个横切面都折射出摄人心魄的光芒。

钻石是有积累的女人奖励自己的最好礼物。一颗戴在右手手指上的钻石代表着自己开始宣称：我要像钻石一样，做一个闪耀光芒的人。这种意义对于一个女人来说，与左手的钻戒同等重要。如果说一个完美的女人左手是美满的爱情与家庭，那么她的右手，就该是掌握着对自己的认知和宠爱。

将你的左手留给爱你的男人。

右手，留给自己。

「一枚买给自己的钻戒，不仅仅是为了宠爱自己，更代表着一种全新的生活态度，一种自信和对于女人自我命运的掌握。

随心所欲的女郎莫文蔚

花了三分钟去想想今天的希望，
在这个时候，化一个随心所欲的妆。
觉得最需要懂得欣赏自己的眼光，
不管什么时间，不管下雨还是失恋，
多看自己一眼，
也许没有人在我身边，也要灿烂一天。

Love yourself every day。

当我为周大福工作的时候，我们邀请了莫文蔚一起合作。

认为自己“非常漂亮”的她，是我心中百分百的右手钻戒女郎。这个双子座女人，蕴含着惊人的能量：入行至今发行超过30张专辑，参演近50部电影以及举办过30多场个人演唱会。她是两届最佳国语女歌手奖及香港电影金像奖最佳女配角得主，是歌、影、视、广告、舞台剧的天后级全方位艺人。冠在她名下的头衔不计其数：歌手、演员、作词人、作曲人、音乐制作人、设计师……她还精通英语、法语、意大利语、粤语和普通话。

无论走到哪里，莫文蔚的自信都会让她成为人们瞩目的焦点。当有人质疑她的相貌并不美丽时，她回应说：“对不起，我认为自己非常漂亮。”又说：“女人的性感来自于自己的内心，自信的女人最性感。”

用自己无限的可能性让所有人感知到她的自信，她所散发出来的光芒。这种自信，带给她在各个领域的成功。

她用并不完美的嗓音唱出了所有人的心事。

她并非“仙女”，却被影迷认为具有一种叛逆的妩媚。

她失去爱情时，还能与他成为朋友，反而更加神采奕奕。

当人们都以为特立独行的她将成为最后的“剩女”时，她转身嫁给了自己的德国初恋男友，跑去意大利度蜜月。

还能有哪个女人，如莫文蔚这般爱自己、放纵自己、相信自己呢？

爱自己是一生的事

每个女人都希望和心爱的人手牵着手度过一生。然而，不要忘记，**一个人享受生活也是一种美丽，也是一种智慧。一个真正的女人首先要学会宠爱自己，爱自己才是爱别人的前提。**

在一个安静的夜晚，认真思考一下这些问题：

你有多长时间没有一个人享受一块美味的芝士蛋糕了？

你有多长时间没有一个人独自旅行（或者，哪怕只是出去散散步）了？

你有多长时间没有一个人在洗泡泡浴时大声唱歌了？

你有多长时间没有独自聆听完一首自己喜欢的歌了？

……

两个人、三个人在一起的享乐时光固然十分幸福，但你有多长时间没有独自享受自己的时光、享受自己心底深处的秘密和欢乐了呢?

真正的幸福来自内心。

自我的时光也弥足珍贵。在某一个固定的时刻，放纵自己，跟随自己的内心，只为自己考虑，满足自己的需求，越多越好！相信我，这都是在为自己积攒正能量！你会因此而更加快乐，并将这份快乐传递给你爱的每个人。

BUY IT YOURSELF!

很多年前，亦舒就在自己的小说中写道：女人至关重要的是爱自己。

她笔下影响了众多女性读者的姜喜宝，是一个剑桥圣三一学院的法学院高才生。喜宝的经典名言是：我要很多很多的爱；如果没有爱，那么就要很多很多的钱；如果两样都没有，至少我还有健康。自幼贫困缺失父爱的她，在 21 岁时选择成为富豪的情妇，第一件事就是买了一只 10 克拉完美方钻戴在自己的手指上。以至于她的爱人嘲弄她戴着钻石的姿态“就像戴着一块麻将牌”。

这是一个绝顶聪明的女郎迷失自我的故事。

喜宝是一个有着高度智慧的独立女郎，不过也是一个不择手段争取左手钻戒的女人。

如果你是一个等左手钻戒的女人，那么，你是一个等爱的女人 —— 等爱的女人只能等待。

如果你是一个有个性的女人，就应该拥有右手钻戒，那是自己给自己的宠爱。

碧昂斯（Beyoncé）在《独立的女人》（Independent Woman）中快乐地唱道：“我住的房子是我买的，我戴的钻戒是我买的。”她声称：“作为女人，独立最重要 —— 女人要学会爱自己，宠爱自己，对于那些自己想要的东西和喜欢的东西，努力去实现它们。宠爱自己的时候绝不手软！”—— 这是新一代 BIY（Buy It Yourself）女郎们自豪的宣言。

BIY 是每一个女人可以在内心恪守一生的态度与信念。这些女人跟随自己的内心，倾听自己的需要，并且不吝于尽自己的能力满足自己的愿望，她们因此保持活力、愉悦，以及对生活的热情。

取悦自己！是她们让自己快乐的源泉，她们价值观的核心。

具有独立经济基础、在事业上成功有为的现代女郎们，不在意左手是否拥有“内容”，只要右手充实，就充满着希望 —— 这是自己给自己的奖赏！这是一份独立和自信。

右手的闪耀，源自内心的充实。大多数右手钻戒遵循垂直的视觉设计风格，钻石的镶嵌和设计更具延伸感和铺展感，不像传统婚戒，以独立或集中的钻石镶嵌。右手钻戒也可以优雅地展现多颗碎钻的耀眼组合，相比起来，比购买一枚相同尺寸的单颗钻戒更具性价比。

收藏自身价值的女性

我身边也有很多朋友，喜欢珠宝，并热衷于自己做设计，寻找优秀的工匠协助制作，完成世间独一无二的作品。前不久，一位闺蜜向我展示了她戴在右手上的钻戒，由各种各样的小钻拼接在一起，款式由自己设计完成。这是一件多么有意义的礼物！

我在周大福工作期间，周大福中国区代表是一位非常优雅的女性。她已经为周大福工作到 60 岁了，仍在辛勤地丝毫不懈怠地工作着。这是一位喜欢自己做珠宝设计的女人。她经常向我展示自己设计制作的耳环、项链和戒指。她是个婚姻和家庭非常幸福成功的女人，左手佩戴的钻戒代表了她成功的家庭生活，右手则佩戴着她的人生态度。

她用这些珠宝来肯定自己的价值。每年，她都会自己设计、亲手制作一件饰品，送给自己。她以此储蓄自己的财富；而积累材料和与工匠师傅商量如何去完成的过程，又令她体味到巨大的乐趣。

多年来，她积攒的钻饰和珠宝成为一种难以估量的投资，在我看来，比起其他投资 —— 投资楼市、投资股票，这种方式更加优雅、更充满乐趣、更令人敬佩。这是一种文化，她会将它传承下去，留给她的女儿，再往后，留给她的孙女……她的继承者一定会为她的优雅所感动，为自己有这样一位家族前辈而骄傲。

多年来，她的精神一直激励着我。发现一颗品质纯净的钻石是难得的。这种积累，一颗一颗，蓄积起的不仅仅是财富，更是一种价值观、一种女性观、一种生命与时间的和谐统一。

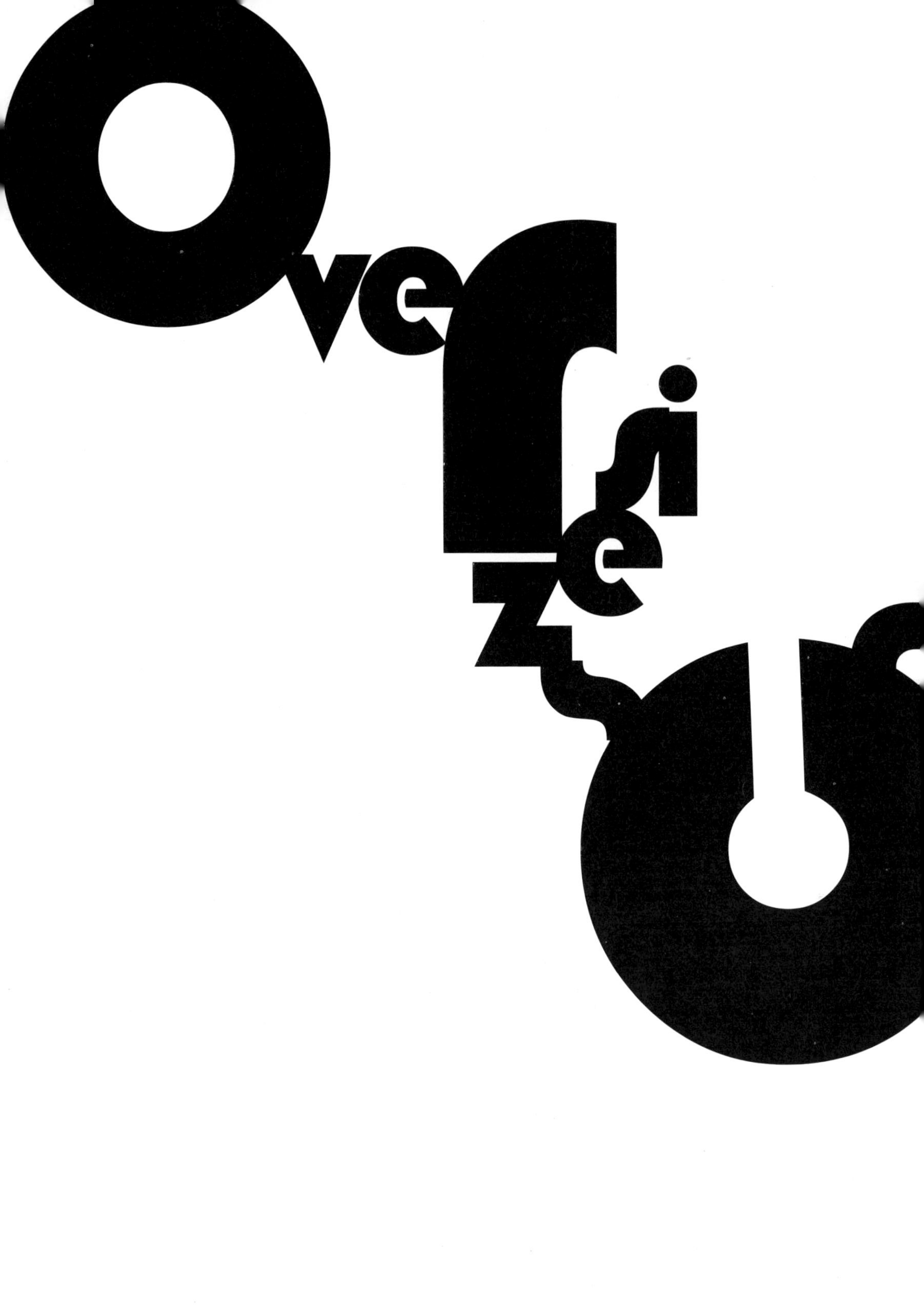
Oversized

NO.22

大围巾

Oversize Scarf

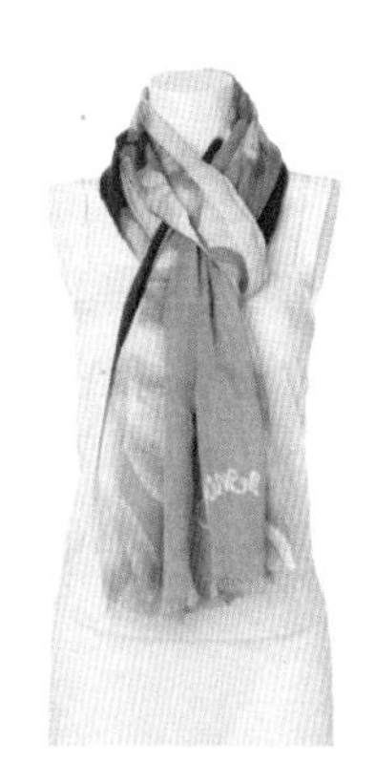

Oversize Scarf

大
围巾

● 古希腊、古罗马时期人们的衣服，就是以大大的披肩螺旋形披围在身上，以针扣——胸针的原型和宽宽的布条——腰带的原型加以固定。

● 拜占庭时期，国王的大围巾是一块用黄金和宝石点缀的白色丝绸。

● 17世纪英国全盛时期，贵族和高官们以一条宽大的黑色或者红色织锦围巾作为披肩，以象征自己尊贵的身份。

当床盖变成了围巾

我曾在埃及迷恋上各种各样的手工毯。

我曾经与一条非常好看的黑白毯子失之交

臂，后来，我的好朋友 Peter（知名造型师、摄影师）将这条毯子送给了我，令我惊喜万分。我一直将这条毯子作为床盖使用，非常喜欢。

有一年冬天，去出席一个晚宴之前，我穿了一身黑色装扮：黑色小礼服裙、一顶黑帽子，想要搭配一条围巾，却怎么也找不到合适的款式。当我在镜子前思索时，回头一看，飞快地将床盖拿起来当作披肩，感觉还不错，就这样出门了。

那天我制造了出奇好的效果！

这个故事告诉我们：对于创意的想象，世界上没有真正的限制。所有的限制都来自于我们强加给自己的。谁说手工毯只能当作床盖？

当我告诉别人："……其实，这是搭在我们家床上用的。"别人惊讶间也成就了自我的满足。

女人的创意

女人就是要与众不同。

自然界向我们展示着各种各样的美。作为女人，就是要将这些美运用到自己身上，形成与其他人不同的、自己独有的东西。这种独有之处就是风格。

正如香奈儿所说：时尚转瞬即逝，唯有风格永存。

风格是一种人生态度、一种生活方式，是女人独有的气质和巧思。人们常说，巴黎女人是最美、最有自我风格的，即使一条简单的牛仔裤穿在她们身上，也是风姿绰约的。那是因为巴黎女人从一出生就浸淫在对美好事物的观察之中。

保持对周围美好事物的敏感和观察，对美的觉悟，会帮助我们逐渐形成自己的风格。

夏天和冬天都离不开的围巾

我是一个离不开围巾的人。

很多人认为，围巾是具有季节性的单品。冬天一到，身边各种尺码的围巾就慢慢流行起来，围巾具有保暖和慵懒写意的双重味道，十分适合这个季节寒冷的气氛。

但其实，我个人认为，在夏天用到围巾的时刻会更多。

Oversize Scarf

在城市的夏季，大多数都市女郎的大多数时间都是待在空调房中。也许外面是烈日炎炎，几分钟就会让我们大汗淋漓，但一回到办公室内，又立刻体会到空调的寒冷。这时，一条足够宽大的、足够包裹自己的大围巾就成为一件非常实用的道具。

在任何时刻都能够保护自己、扮靓自己的大围巾，必须是自己非常喜爱的。它可以是一块漂亮的丝织品，或羊毛制品，或棉麻织物，也可以是镂空钩花织物、毛呢质料，甚至是一块自己喜欢的独特棉布。随身携带，可以为我们提供温度，阻挡阳光、冷风，带来慰藉感。

我喜欢两极化

对于围巾，我喜欢两种类型。

第一，足够细的款式，这种细窄的围巾可以作为项链围戴在脖子上，极具装饰感。

第二，足够宽大，可以作为披肩包裹自己的围巾。这种包裹型围巾从厚厚的呢质到薄薄的纱，都是可以的。足够宽大的围巾除了装饰性之外，还具有非常高的实用性。你可以将它带到你所去的任何地方，办公室、咖啡厅、晚宴、公园里、度假的海边……

我非常不推荐大家购买近年来十分流行的防晒衣。这种毫无设计感的衣服总是让我联想到保鲜膜下的香蕉和苹果。为了防晒，我尽量使用围巾。在海边，披一条宽宽大大的自己喜欢的围巾，既美观又不失风度，也达到了实用的目的。

围巾的特殊性还在于，它是一件具有魔法视觉效果的单品。

1. 围巾可以很好地转移人们的注意力，裹住肩膀的围巾可以拯救略粗的手臂。

2. 设计简洁、线条流畅的大围巾可以增加整身搭配的层次感，使身形显得苗条。

3. 醒目大耳环搭配大围巾，能将第一视觉三角区变成人们注意力的焦点。

4. 围巾可以勾勒出形状姣好的肩部曲线，显得女性身材玲珑有致，性感而迷人。

5. 宽大的围巾可以在视觉上起到缩小脸型的作用，搭配以利落的发型，使人显得娇俏、可人。大围巾搭配宽松上衣、紧身裤袜，是明星出街的必备穿搭方案之一。

选择最适合搭配的围巾

单色披肩式围巾

我最常用到的，是一条纯黑色、宽宽的大披肩围巾。

在寒冷的季节，我们通常会穿着黑色的衣服，此时搭配一条黑色的围巾，与衣服相呼应、融合，是提升品质感的搭配方案。

有很多人喜欢颜色鲜艳的围巾。这是比较有风险的。

东方人的黑发、较为暗淡的肤色与金发碧眼、皮肤白皙的西方人完全不同，在选择围巾的色彩款式时，也会出现较大的差异。

我们经常看到一些欧美模特围着艳丽的碧绿色、玫瑰色围巾，都会出现非常惊艳的效果。那是因为她们浅色的发质和明亮的肤色非常衬托这些明亮的色彩，两者相得益彰。有着黑头发的我们通常很难将彩色穿戴出同样出众的效果。黑发、黄色肤质与鲜艳的色彩有着较大的反差，这种不和谐很难突出我们的五官。

我们在第一视觉三角区所打理的一切，包括发型、配饰以及围巾，在美感上都是以突出五官为目的。相对暗色的围巾，对于突出脸型、五官会起到较好的效果。当然，相对中庸的浅色也是不错的选择，比如米白色、驼色，也比较容易搭配衣服。

尽量不要选择明亮的颜色，诸如艳粉色、明黄色这类色系。你会发现这些色系的围巾使用概率很低，也很难搭配出好的效果。

雅致、高级的印花款式

对我而言，一条美好的丝巾，符合雅致的标准即为：颜色不超过四种。这种雅致而色泽相对活泼的品质感丝巾，可以搭配出飘逸出挑的效果，又不至于花哨到无法忍受——千万不要让丝巾的风头超过你！

丝巾图案上的某一种颜色一定要与整身衣服的颜色有所呼应，这样才不会过分突兀，在视觉上显得顺理成章、精致到位。

Oversize Scarf

1 . 围巾起到承上启下的作用。围巾延伸着整身的搭配。它呼应了上衣的蓝，又承启了下装的格子。围巾勾勒了全身，又与整个形象默契融合，起到了画龙点睛的作用。

2 . 围巾与外衣融为一体。Boss Green 2013 年秋冬系列中，配合高度默契的上装与同色系同材质的围巾似乎成为一个整体，视觉被延展了，整身搭配显得统一、和谐、简洁有力。

3 . Chanel 2013 早秋形象中，柔软的围巾配合宽松的大毛衣，颜色与靴子、发色、配饰呼应，立体配合，温暖、自然、舒适。

4 . 围巾起到“打破”的作用。TOMMY HILFIGER 的这身搭配，围巾的色彩与整身的色彩既和谐又跳脱，横条纹打破了裙装的菱格图案，同时与帽子、袜子遥相呼应。

1
2
3
4

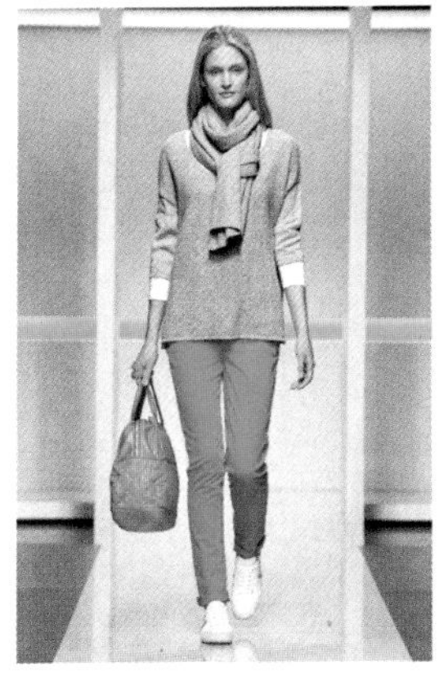

5. Ralph Lauren 2013 秋装中的这一身典雅、复古，丝绒围巾搭配出高领内搭的效果，显得高贵而独特。丝绒的光泽为整身亚光的复古色增添了神秘的一笔。

6. Gaultier 使用了对比反差的方法，使编织大围巾与丝质上衣混搭，形成强烈反差，既柔美性感，又厚重坚定。

7. BOSS Orange 使用丝质披风搭配极其低调、简洁的一身彩色，突出品质感、协调性。

一块面料的巧思

或许你不知道，有时候我们所穿着的一件衣服的面料，比不上一个披肩大。基于这种思路，我们可以尝试用披肩为自己设计衣服！

以我的一块黑色长方形的大围巾为例。

1. 围在腰上，加一条腰带，变成一条不规则的长裙。

2. 变成单件上衣，以胸针和腰带做配合。

3. 不同色彩的两条基本款围巾，可以创造出一种全新的配饰。

我用黑色和白色两条棉围巾组合成一条新的围巾，作为白色上装的一部分，这种搭配极其简单，独一无二，也极富美感。

根据衣服、发型搭配好围巾之后，在耳朵的延长线下的位置，别上一枚胸针，既可以起到固定作用，也可以作为美丽的装饰。

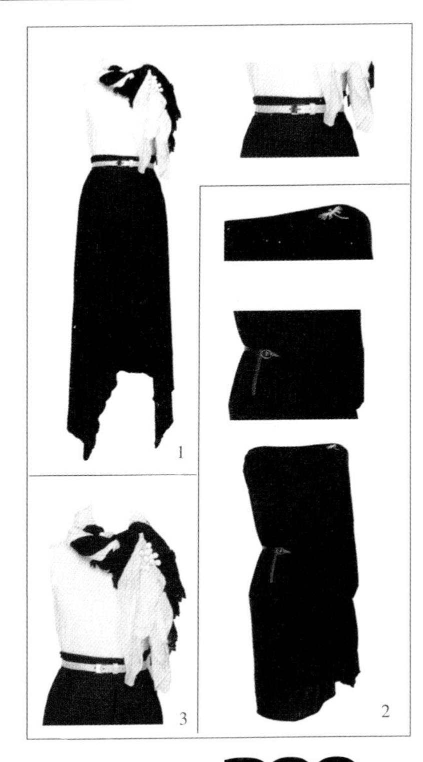

Clutchu

NO.23
手拿包
Clutch Bag

Clutch Bag

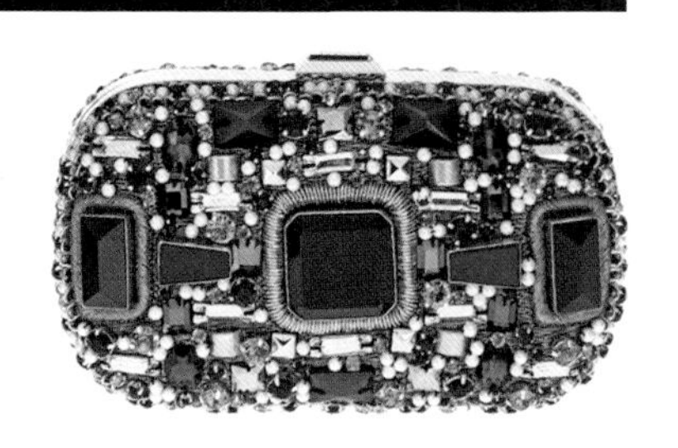

手拿包

● **手拿包简约、易搭配，是好感度极高的优雅单品。**

● **近年来，各大品牌秀场里都出现了设计线条流畅的手拿包。这些大小不等的手拿包款式已不再局限于晚宴使用，帅气、优雅、简洁，极适合都市女郎们的快节奏和摩登感。是现代白领精英女性的搭配必备。**

什么样的包是目前最时髦的?

Birkin 包? Kelly 包? 笑脸包?

No No No……

现在的都市女郎都不会如此选择。

最近，手拿包以势不可挡的姿态闯进我们的视野。

从最近几年的秀场上我们可以看到，许多模

特手中的手拿包被放大了数倍，设计师们将手拿包的特质从晚宴包的小巧精致，放大到各个尺寸，女士们也不再仅仅满足于将自己的口红、粉刷、小镜子拿在手中，取而代之的是可以装手机、iPad、车钥匙、文件夹等各种必备品的大手袋。于是，随着潮流的发展，我们将这些抓在手中的功用性手包称为“手抓包”“信封包”“文件包”，成为都市女郎们抢眼的点缀。

无论奢侈品牌，或是高街品牌，只要推出包包，总有那么一两款会是手拿包。

手拿包之所以如此大受欢迎，是因为它方便实用。任何女性使用，可以让人一下子变得很有型。

仅仅是少了包带，却多了优雅、时尚，感觉完全不同，使用方法也完全不同，充满都市感、节奏感和时尚度。

与贵族无关

通常我们概念中的手拿包都是晚宴包。

手拿包有着有趣的故事，在维多利亚时代，贵妇人通常会随身带着小小的手袋，里面放着常用的胭脂、小扇子等等。随着贵族渐渐没落，手拿包却一直时兴。战争时期，包包都缩水，变成小号的，大家人手一只手拿包。

近些年，手拿包逐渐复兴。各大品牌都相继推出不同款式的手拿包。比如，Valentine 推出的手可以伸入蝴蝶结的手拿包，DVF 有一个手的形状的古怪设计的手拿包。

黑色和金属色武装的大都会时髦女郎，皮质外套和纱质透视长裙撞击出性感，金色腰带、腕饰、高跟鞋和手拿包则令我们的才女查查像一个高贵不凡的女战士。

Clutch Bag

有包不背，必须要拿着

当手拿包变成了设计师着眼的重点，“有包不背，必须要拿着”也成为如今时尚圈的流行语。

手拿包也因此从正式的晚宴包，变成时时刻刻都可以使用的潮流单品。

比如，Alexander Wang 的超级大手拿包，什么东西都可以放进里面，夹着就走了。

我个人认为，大家之所以热衷于手拿包，在于拿着它的手势，女人的优雅与姿势完美地融合。想象一下，Christine Louboutin 的长款手拿包，Office Lady 上班时夹在胳膊底下，可以同时打着电话，另一只手里拿着东西，完全没有问题。这类手拿包解放了职业女性的双手，还很有型。同样的，这款包还可以搭配小礼服。将它随意地夹在胳膊下面，去拿鸡尾酒，和其他人聊天。手拿包此时变成了一个道具。

一款出色的手拿包不仅仅只适用于晚宴场合，也是职业女性特有的武器。稍大的手拿包可以装下女性所有必备的贴身道具，甚至可以装下一本书。拿在手中的包包，多了一份婉约，少了沉重。

目前流行的手拿包的材质通常选用柔软的皮质，与另外一类硬壳类晚宴手包形成区别 —— 晚宴手包具有珠宝一样的功效，具有装饰性。

随着时尚的不断演绎和变迁，会有越来越多的时尚单品不再有场合专一的属性，而是有更多的融合、更多的变通。这种融合不仅仅体现在时尚上，也体现在社会各个领域中。融合和变通或许正是这个时代的大势所趋。

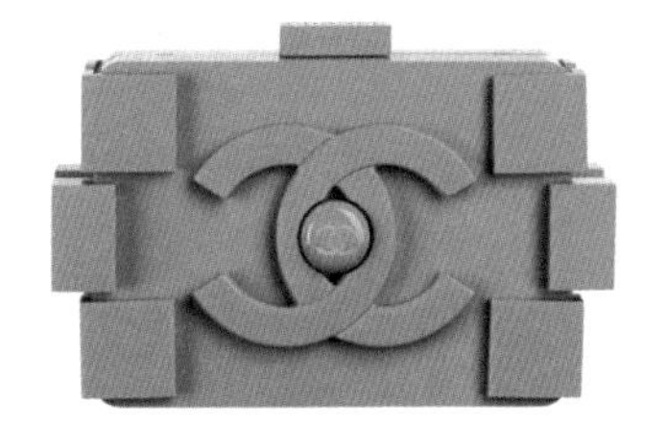

潮包潮拿法

一款包包，拿在手中，姿势很重要。其实这也是为何女人们如此青睐包包的原因之一吧！

人们说女人的手腕和手是世界上最性感的部位之一，手拿包正好展现出了配饰与女人双手之间的互动。

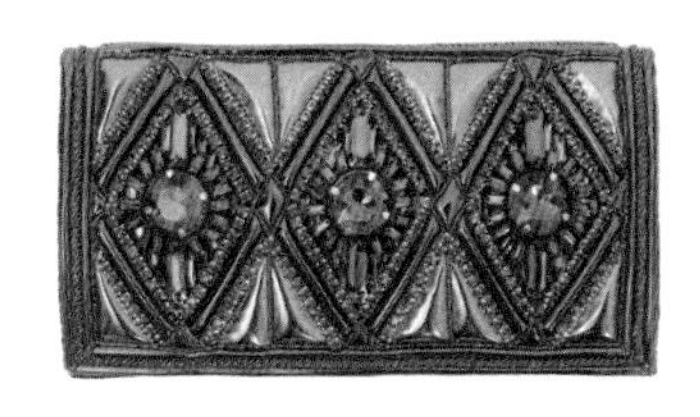

拿在手中

将手包拿在手中，是最为优雅的拿包方式。

Clutch Bag

此时，你的手包、你的整身搭配、你漂亮纤细的手指交相辉映。这是考验你的搭配功力、选择配饰与色彩的关键时刻。一个优雅的姿势可以成全一个品位良好的女人。别忘记细节！

托住包底

仔细观察最近T台模特们的拿包方式，你会发现，无论是何种品牌、何种包款，模特们都没有拎着包的提手或将包背在肩上，而是轻巧地托住包袋的底部。永不为人后的贝嫂维多利亚上街拿着自己的品牌大包时，也是如此的方法。

夹在腋下

在秀场上，无论是经典的Chanel、Dior，或是新锐的

Jil Sander，模特们都纷纷将手拿包夹在腋下出场，比起用手拎包，更具有一种从容不迫的姿态。夹在腋下的拿包方式，解放了都市女郎们的双手，此时她们可以腾出手来做更多的事，打电话、拿咖啡、抱孩子或牵着宠物吉娃娃……无论怎样，一款柔软而贴心的手拿包是可以与肌肤亲密接触的。

折叠

一些大号手拿包的设计就像一个简单的口袋。你拿过早餐便当袋吗？将边缘折叠一下，拿在手中，这种简约实用的设计也获取了不少时尚爱好者的青睐。大容量、超实用、简单的设计理念、出色的材质和巧妙的细节，适合那些具有独特品位和与众不同气质的女郎。

NO.24

腕表

Watch

Watch

腕
表

● 腕表是一款极其适合职场女性的配饰单品。

● 腕表具有一种无声的威信感，尤其适合身居管理层的女性。佩戴腕表显示出一种值得人们信赖的素质：守时、干练、尊重……

● 在装扮上，衣着搭配应与腕表合二为一，化繁为简。

● 一只品质精良、精工细作的腕表，就像珠宝、古董一样，可以世代传承。

手表象征着财富、梦想与瑰宝

不能想象，在19世纪，一块表代表着什么：大多数祖父们一生之中仅仅拥有一块手表，方方正正，样式古旧……流传至我们手中，那些依然完好、稍显古旧的忠实的计时刻度，大多已过百年。手表只是实现某种功用的物品吗？还是一种传统、一种文化？甚至一种使思想永恒化的根源？

在一百多年前，对于大多数普通人，手表象征着财富、梦想与瑰宝。

当一位女士展示她珍爱的古董手表时，她的脸上显露出幸福与满足："这是一件昂贵的礼物，结婚 20 周年纪念日先生的馈赠。我从来不把它交给别人。只有一次，是为了换电池，我把它交给一位日内瓦的手表零售商……"

正如诗人拉马丁所感叹的：哦，时间，在飞逝中停滞！在仁慈的时光中，停下你的脚步！让我们享受日子中最美丽的转瞬即逝的欢乐。

现代人喜欢时尚与不断变化的选择，喜欢新潮的外观，抨击习俗，并且迅速地摒弃传统的单调与沉重。与此同时，传统的本真特性正在慢慢离我们而去。

一块经典的手表是可以随着时间延续而向下传承的，它记载着时间，也跟随着时间。

那些古老的传统将如何在现代时尚中延续？

时间是我们需要永恒掌握的

无论男女，越成功的人越吝惜时间。

有很多人，将表当成身份的象征。

他们很有时间观念，用手腕上的表督促自己的日程。

腕表具有一种象征意义，不仅仅代表了一个人的财富、品位，也代表了职业、时间习惯。

在守时成为美德的今天，一只腕表代表着强烈的职业精神和道德感，代表着对于时间的掌控，也是对他人的尊重。

对于女性而言，腕表已经成为很多精英人士非常重要的时尚单品，与选择鞋履、包包具有同等重要的位置。一只腕表可以看出主人的品位和喜好，对于时间的态度和管理方式。女士腕表更能彰显出女性的独立，对于生活与时间的投入，以及在职场中，不输男性的威严感。

每一只精良的腕表，都浸含了历史、精工、故事、含义。

Watch

腕表是为数不多的可以作为收藏品收藏的实用单品。

很多年后，但凡遇到需要的场合，即可拿出来示人的单品。

Chanel 的 J12 白陶瓷腕表

可可・香奈儿曾说过，真正的经典就是走在时代之前。

J12 是一艘在国际赛船史上聚集无数荣耀的帆船；对专业赛船者而言，它代表的是优雅、精准和勇气。香奈儿由这艘帆船的传奇历史得来灵感，设计出充满优越感的造型，使用先进的高科技精密陶瓷材质，重现了当年“12 米制帆船”在美洲杯上风光无限的一幕。

就像 NO.5 在香水王国里的地位，J12 成为香奈儿制表业的标志。

J12 白陶瓷腕表将香奈儿女士极其钟爱的白色发挥到极致，能很好地体现女主人优雅的艺术气质与活泼乐观的生活态度：时间洗尽女人的铅华，沉淀出内在的提升，时光可以变老女人的容貌，可带不走心底对优雅的坚持。

这只表最能代表今天事业成功的女性，温婉、有力量、可以掌控自己的时间。这种时代女性的力量感征服了我。

大腕表是一种表达方式

不同的女性对于腕表都会有不同见地。

职场女性会选择较为中性甚至偏男款腕表；

Party 女郎则会选择镶钻的装饰型腕表；

一名高雅的贵妇或许会选择一块古典的珠宝首饰表；

J12 白瓷腕表，延续了香奈儿一贯的简洁、大气、极致高调又寓优雅于无声的经典气质，是每一个女人值得拥有的一款。

大腕表无疑会令女性纤细的手腕更显纤细。这就如同娇小的女孩身穿宽大的男士衬衫更惹人怜惜一样。大腕表是一种与众不同的表达。

运动型女生会选择具有都市动感的运动型腕表。

在我看来，一只大件的腕表戴在女性纤细的手腕上，不仅表露出对于工作、时间的态度，也展现出与众不同的表达，这种人类传统的机械化表达，完全可以衬托出一位特立独行的女性的优雅。

佩戴在女士手腕上的男款大腕表，可以凸显女主人强大的气场，与腕表的阳刚之气相得益彰。许多女性时尚名流也都是男款手表的爱好者。能够驾驭 41 毫米表盘的女性，绝对是具有非同寻常的超脱气质的。

腕表分类

休闲手表

以卡西欧、Swatch 为代表的具有个性化、休闲之风的休闲手表，是很多年轻女性的最爱。

这类休闲腕表设计时髦，充满年轻活力的感觉。可以搭配任何极简风格的造型。

男款手表

经典男款腕表品牌诸多，如“男朋友衬衫”“男朋友牛仔裤”般，我们也可以将这类腕表称为“男朋友手表”。这类宽大、经典、略带沉重的腕表搭配正装、休闲装皆可，显示出你与众不同的品位。

珠宝腕表

既是首饰，也是腕表，现代设计师将设计发挥到极致，将二者完美结合，将时间的瞬间放入珠宝的永恒中。既有珠宝的优美华贵，兼备计时的功用性。难怪珠宝腕表深得高端时尚女性的喜爱。

Watch

古典腕表会让人凸显一种老派气质。与时髦的装束混搭，有时会出现与众不同的效果。

蕾哈娜的时尚度永远走在世人前端。落拓不羁的嘻哈牛仔造型，金发与金属手镯、运动腕表一起跳跃、闪耀。

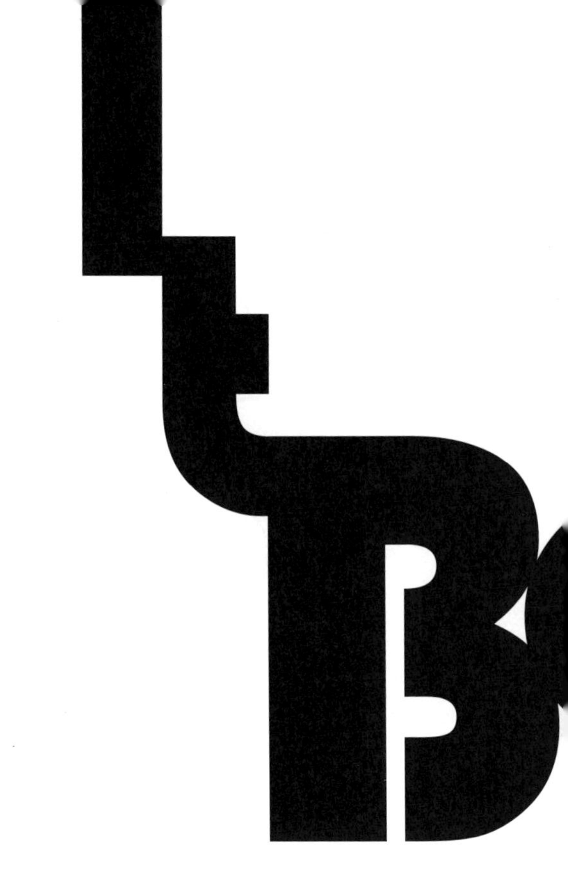

NO.25
It Bag
It Bag

It Bag

一定要拥有的包

● 在现代社会，包包内装载着越来越多的信息，而不仅仅是一个工具，更是一个人物标签、一面镜子、一个阶层的准则，是一个人的品位、财力、鉴赏力、时尚度和个人生活习惯的载体。

● It Bag 是属于你自己的，让你一见钟情的包包。它不一定是最贵的，但一定是写着你自己的名字的。

● It Bag 并非潮品，相反，每一只 It Bag 都具有历史传承，是经典永不过时的象征。

什么是 It Girl？

It Girl，一个新的时尚词汇——“物质女孩”。

在网络词典中，It Girl是指“性感迷人的年轻女士，或是经常现身主流媒体及终日参加聚会的女性。她们的

It Girls——Shala、Tallulah、Leigh 正在一起看秀。

个人成就并不是其受到媒体关注的主要原因。对某人赋予 It Girl 的称谓常常是暂时性的，她们中发展势头良好的，会最终成为真正意味上的明星，其他的人将在流行过后淡出公众视野”。

It Girl 一词来源于 1927 年英国小说及剧作家伊里诺・格林，用来形容好莱坞影片《It 》中性感、特立独行的女主角克拉拉・鲍（Clara Bow）。

克拉拉・鲍，25 岁时就已参演了 48 部电影，默片时代不朽的偶像。在影片《It》中她以轻巧的美丽轻佻的年轻女郎形象，成为 20 世纪 20 年代大众模仿的对象。从此，人们开始用 It 一词来形容克拉拉这一类在社会生活中引领风骚的新女性：她们既迷人性感，又富有活力，对流行文化起到革命性的影响。

伊里诺・格林这样解释 It—— It 是一种特性，拥有它的人像有一种强烈的磁力。

It Girl 和 It Boy 们充满自信，不在意是否取悦你，她/他可能看起来冷酷，但总有一点什么东西会打动你，并让你感觉她/他并非真的冷漠 —— 这就是“It”。

以自己的风格打造出属于自己的时尚，这就是 It Girl 的精神所在。

It Bag

那些 It 偶像们

伊迪・塞奇威克(Edie Sedgwick)，安迪・沃霍的“工厂女孩”，曾被称为20世纪60年代It Girl的最佳代言人，时尚杂志形容她为“youth quakers”(震动青春一代的偶像)。

从20世纪80年代起开始走红的名模凯特・莫斯(Kate Moss)，是时尚界不败的女神级It Girl。凯特并非美女的脸蛋、小雀斑和淡漠的眼神、具有亲和力的颓废感，让穿在她身上的衣服充满了强劲的生命力。只要是凯特，无论穿什么都好看!

被宠坏的坏女孩林赛・罗汉(Lindsay Lohan)，5岁即出道，却一直在挥霍着才华。十几年来鲜有佳作问世，但她破碎的花瓶形象一直是设计师的灵感源泉。即使是憔悴

1. 一身黑色皮衣的 Alice Della 背着她的斜挎黑色小皮包。贴在 Alice Della 身上的标签有：富家女、狂热派对动物、最受男性欢迎的性感宝贝。

2.Elena Perminova 与她蓝色的 Boy bag。贴在 Elena 身上的标签有：俄罗斯上流社会名媛、筷子长腿、俄罗斯豪门少妇、秀场玩票模特、英国《独立报》出资人。

3. 摩纳哥公主 Charlene 与她挚爱的极简手挽包。贴在 Charlene 身上的标签有：公主殿下、格雷丝・凯莉的长女、慈善家、汉诺威王妃、全球十大美女之一。

1
2
3

的面容也能成全林赛的美，当她换着一件又一件华服穿梭在大小派对时，谁说她就是一个彻底的受害者形象呢？这个聪明的姑娘一直位于时尚 icon 榜的首席，是最 in 的名人，美国收入最高的超级明星和搜索率最高的名人之一。

西耶娜·米勒（Sienna Miller），这个以出演“工厂女孩” Edie Sedgwick 而出名的新世代女郎，被誉为“英国最会混搭的女明星”，一直与世界上最棒的男人约会的西耶娜可以以袜套、小背心、牛仔靴穿出出挑的气质。

还有谁能比好莱坞的 Olsen 姐妹更堪称 It Girl 的姑娘吗？这对双胞胎自从一出生就形影不离，她们9个月就出镜，6岁成为制片人，18岁就拥有自己的娱乐公司，拥有4亿美元的财富。这一对喜欢烟熏眼妆、穿着夸张服饰的娇小姐妹，被称为好莱坞“印钞机器”，当她们的父母离异时，两人才10岁，据说二人表现异常冷静，只要姐妹俩在一起就行！

It Girl 特征

1. 叛逆，有不寻常的美丽或特质。

2. 时尚，同时要反时尚！拥有各种顶级的大牌服饰，却颠覆性地搭配穿戴，以颠覆经典为荣，以突出自己身为 Fashion Icon 为目的。

3. 自信嚣张的幽默感，高姿态的处事态度，不屑的口吻，经常语出惊人。

4. 拜金奢华是必备，如果不是特别富有，至少要在自己的圈子里有一定的身份地位。

5. 拥有大量的狂热粉丝。

什么是 It Bag？

世界上有那么多款时髦的包包，最终你找到了属于自己的包，这就是 It Bag。

It Bag，不是“它”包，而是“一定要拥有的”包。所谓 It，实际上是 Inevitable ——

不可避免的意思。It Bag 指最受关注、最热门、预订名单最长、跟着女明星们出镜率最高、也最多被翻版的手袋。好莱坞的媒体还赋予它一个昵称 :Arm Candy（胳膊上的蜜糖）。

拥有一只 It Bag，这是提升品位与时尚度的关键。

根据自己独特的气质和职业习惯，了解不同包款的历史渊源和设计初衷，选取适合自己价位的款式。这就是属于你自己的包，一只有品位、有感觉、有时尚度、适合搭配的包。一个好的包包是女人一定要投资的。

我并非物质女郎，也非奢侈品追随者。但是，找到真正适合自己品位、身份、地位的包，对每一个女人来说，都是至关重要的。

你的包在帮你说话!

如果你是一个 Office Lady，也许适合你的包就是 Birkin，或 Kelly，因为它方方正正的气质和色彩，能够让你突出自己 Senior Office Lady 的感觉。

如果你是一个酷女郎，Fendi 的侦探包也许十分适合你，大大的、有型有款，可以随时挽着上街。

如果你是一名优雅的女郎，举手投足间对自己有着高标准的要求，Lady Dior 会很适合你。

Must have! 一款经得起时间考验的包包

一只让你一见钟情的包，是要必须拥有的。

就像小黑裙、鱼嘴鞋、白衬衫一样经典，一只经典的、品质卓越的包包也是每个女人不可缺少的随身之物。

It Bag 当然不只是明星们的专利，更是你衣橱里必不可少的搭配单品!

一只经典的包本身就是一部时尚史。它凝聚着诸多世界上最优秀的设计师、工匠、品牌策划者的心血。大多数经典包款其实都已经诞生超过 50 年，甚至更长，但依然散发着无限的魅力，随着时间的推移而更加时髦、更有味道，丝毫没有退出时尚潮流的意向。这就是经典的力量。

Andy Warhol 限量版 Lady Dior 玫瑰粉色小牛皮手袋

Lady Dior

20 世纪 50 年代，克里斯汀·迪奥的 New Look 让充满女性气息的小号手袋重新回归。戴安娜王妃访问阿根廷，抵达布宜诺斯艾利斯机场时，她身穿一袭白色范思哲套裙，手挽一只黑色 Lady Dior 手袋。

Lady Dior 橙色羊皮手袋

Chanel 2.55

1955 年，Chanel 2.55 诞生，它也是第一款大范围流行的肩包。香奈儿最初用针织面料设计制作了这款手袋，随后改用了皮革。

Chanel 2.55

Andy Warhol 限量版 Lady Dior 白色手袋

It Bag

Gucci Bamboo 手袋

1947年，Gucci的工匠把日本竹子加热后拗曲成半圆形手柄，Bamboo手袋由此得名。这款优雅迷人的经典小提包，是战后物资缺乏时期的灵感之作。20世纪50年代，这款竹节柄手袋甚至变得更加风靡。

Gucci Bamboo 手袋

Hermès Kelly

1935年诞生，20年后，摩纳哥王妃Grace Kelly用它在狗仔队面前遮挡住自己怀孕隆起的腹部，使得这款手袋凭借名人效应而大规模流行起来。

Gucci Jackie O'bag

这款诞生于20世纪50年代后期的手袋，浑圆的轮廓和设计，深受美国前第一夫人杰奎琳·欧纳西斯(Jacqueline Onassis)的喜爱，在诸多经典黑白照片中，杰奎琳都挽着这款经典的包包。Gucci在1996重新推出这款经典，并起名为Jackie O'bag。

Hermès Birkin

当Hermès总裁Jean Louis Dumas在飞机上偶遇法国女星Jane Birkin，Jane向总裁抱怨说她找不到做工精良又实用的大提包来装下她所需要的一切。于是Jean Louis Dumas就为她专门设计了一款手袋，并以她的名字来命名。

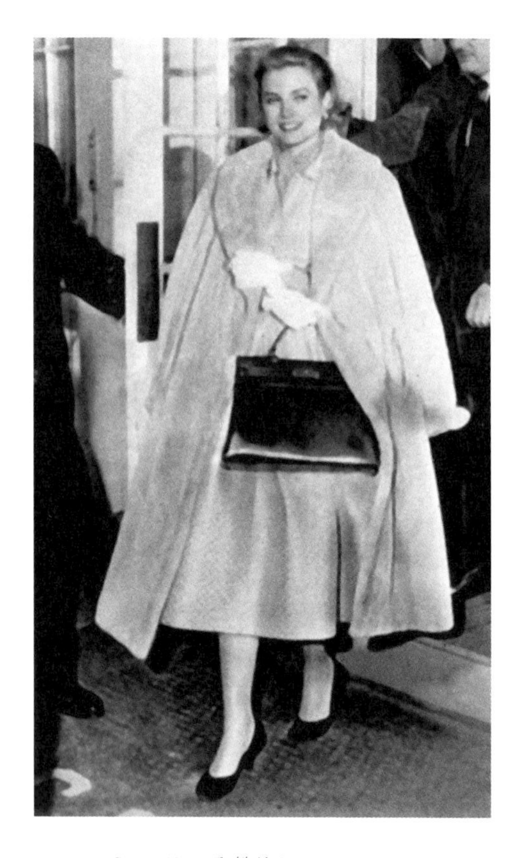

Grace Kelly 和她的 Hermès Kell bag

李冰冰代言 Gucci Jackie O'bag

Valentino 珠宝手拿包

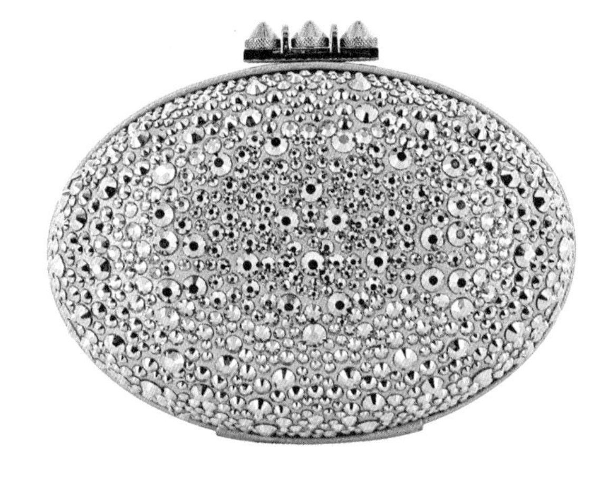

Christian Louboutin MINA CLUTCH 金色珠宝手拿包

Alexander McQueen 皇冠珠宝手拿包

珠宝手拿包

1933年，Van Cleef & Arpels和Cartier等珠宝商推出一种镶满珠宝的金银质小盒子，称之为minaudiere（珍宝匣），这种珠光宝气的手拿包很快变成社交名媛和电影明星的新宠。多年以后，意大利皮具商Bottega Veneta以精巧编制的皮绳取代金银珠宝，创造出同样奢华的Knot手拿包。

全方位做女人
（晓梅说美颜）

全方位做女人
（晓梅说塑身）

穿出你的影响力
晓梅说高端商务形象
（女士篇）

穿出你的影响力
晓梅说高端商务形象
（男士篇）

晓梅说商务礼仪

晓梅说礼仪
（典藏版）

穿出你的品位

戴出你的格调

中青时尚

有礼行天下

成就最美好的自己
黑玛亚身心灵美丽策划书

让我发现你的美
黑玛亚形象设计手记

亲爱的，你要更美好

不靠体型靠造型
（配饰篇）

不靠体型靠造型
（穿衣篇）

我的衣橱经典
高端形象顾问的穿衣智慧

悲欢有时，唯爱永恒

活出你的女人味

有一条裙子叫天鹅湖

美好阅读

（京）新登字083号

图书在版编目（CIP）数据
不靠体型靠造型. 配饰篇/史焱著. —北京：中国青年出版社，
2015.1（时尚经典系列）
ISBN 978-7-5153-3020-4

Ⅰ.①不… Ⅱ.①史… Ⅲ.①服饰美学-通俗读物 Ⅳ.①TS976.4-49
中国版本图书馆CIP数据核字（2014）第289778号

责任编辑：李　凌
装帧设计：门乃婷工作室

出版发行：中国青年出版社
社址：北京东四十二条21号
邮政编码：100708
网址：www. cyp. com. cn
编辑部电话：(010)57350520
门市部电话：(010)57350370
印刷：北京科信印刷有限公司
经销：新华书店经销

开本：710×1000　1/16
印张：20.5印张
字数：200千字
版次：2015年1月北京第1版
印次：2015年1月北京第1次印刷
定价：55.00 元